LA VIE DES

植物 PLANTES
生命
混合体的形而上学
Une métaphysique du mélange

[意] 埃马努埃莱·科恰 —— 著

傅小敏 ———————— 译

广西师范大学出版社
GUANGXI NORMAL UNIVERSITY PRESS
·桂林·

植物生命：混合体的形而上学

ZHIWU SHENGMING：HUNHETI DE XINGERSHANGXUE

La vie des plantes

© Éditions Payot & Rivages, Paris, 2016, 2023

著作权合同登记号桂图登字：20-2025-050 号

图书在版编目（CIP）数据

植物生命：混合体的形而上学 / （意）埃马努埃莱·科恰著；傅小敏译. -- 桂林：广西师范大学出版社，2025. 7. -- ISBN 978-7-5598-8277-6

Ⅰ. Q94-05

中国国家版本馆 CIP 数据核字第 20253DA814 号

广西师范大学出版社出版发行

（广西桂林市五里店路 9 号　邮政编码：541004）

（网址：http://www.bbtpress.com）

出版人：黄轩庄

全国新华书店经销

广西广大印务有限责任公司印刷

（桂林市临桂区秧塘工业园西城大道北侧广西师范大学出版社集团有限公司创意产业园内　邮政编码：541199）

开本：889 mm × 1 194 mm　1/32

印张：7.5　　字数：120 千

2025 年 7 月第 1 版　　2025 年 7 月第 1 次印刷

定价：58.00 元

如发现印装质量问题，影响阅读，请与出版社发行部门联系调换。

目 录

纪念马特奥·科恰（1976—2001）

致谢

2009 年 3 月，我 与 达 维 德 · 斯 蒂 米 利 (Davide Stimilli)、矶忍（Shinobu Iso）一同参观京都的伏见稻荷大社，彼时我萌生了写作这本书的想法。然而直到访问哥伦比亚大学意大利高级研究院的那一年，我才终于拥有必要的时间，来好好完成此书的撰写工作。

我要感谢大卫 · 弗里德伯格（David Freedberg）和芭芭拉 · 法埃达（Barbara Faedda），他们热情地接待了我，并且充满殷切和友爱地促成了无数次人文与科学的交流。假如没有法比安 · 卢杜埃尼亚 · 罗曼迪尼（Fabian Ludueña Romandini）的长期支持，没有我与他之间的那些讨论，一切都不可能实现。卡特琳娜 · 赞菲（Caterina Zanfi）在本书的诞生过程中发挥了重要作用，我衷心地感谢她。圭多 · 吉廖尼 （Guido Giglioni）让我发现了文艺复兴时期和早期现代[①]中悠久的自然主义传统。诺拉·菲利普（Nora Philippe）对本书的初稿进行了反复阅读和评议，她的批评和建议具有决定性意义。

在巴黎和纽约之间，我与以下诸君的许多场谈话为本书奠定了基础：弗雷德里克·阿伊－图瓦迪（Frédérique Aït-Touati）、艾曼努埃尔·埃洛阿（Emmanuel Alloa）、马尔切洛·巴里森（Marcello Barison）、基娅拉·波提奇（Chiara Bottici）、卡米·布罗瑟斯（Cammy Brothers）、芭芭拉·卡尔内瓦利（Barbara Carnevali）、多萝泰·夏尔勒（Dorothée Charles）、埃马努埃莱·克拉里齐奥（Emanuele Clarizio）、米凯拉·科恰（Michela Coccia）、埃马努埃莱·达蒂洛（Emanuele Dattilo）、基娅拉·弗朗切斯基尼（Chiara Franceschini）、丹妮拉·甘多弗（Daniela Gandorfer）、多纳蒂安·格劳（Donatien Grau）、彼得·古德里奇（Peter Goodrich）、卡米尔·亨罗特（Camille Henrot）、诺琳·哈瓦贾（Noreen

---

① 早期现代（la première modernité），又译近代，历史学上的一种分期法，一般用来指从 16 世纪文艺复兴之后，一直到 18 世纪法国大革命与工业革命开始之前的这段时间。但这个概念在不同历史传统中，又有不同的说法，学界对此并无定论。译者按：原文注释统一放在全书末尾，如无特别说明，文内注释均为译者注。

Khawaja）、艾丽斯·勒鲁瓦（Alice Leroy）、亨利耶特·米肖（Henriette Michaud）、菲利普－阿兰·米肖（Philippe-Alain Michaud）、克里斯蒂娜·荷贝（Christine Rebet）、奥利维耶·苏沙尔（Olivier Souchard）、米凯莱·斯帕诺（Michele Spanò）、贾斯廷·施泰因贝格（Justin Steinberg）、彼得·森迪（Peter Szendy）以及卢卡斯·卓纳（Lucas Zwirner）。莉迪亚·布雷达（Lidia Breda）从一开始就以她独有的力量和友情支持并陪伴着这个计划，我向她致以无限的感激。最后，我还要感谢雷诺·帕奎特（Renaud Paquette），是他消除了我法语表述中的滞碍之处，让这份书稿得以面世。

谨以此书纪念我的孪生兄弟马特奥：正是在他的身边，我开始了呼吸。

前言

　　十四岁到十九岁期间，我就读于意大利中部乡下的一所农业高中，我在那个偏僻的地方学习了一门"真正的手艺"。所以，我没有像我所有的朋友那样，潜心钻研古典语言、文学、历史和数学，而是在青少年时期就翻遍了植物学、植物病理学、农业化学、市场园艺和昆虫学方面的书籍。在这所学校里，植物，及其需求和疾病是全部学业的重点。每天，我都要长时间接触这些从生命之初就与我相去甚远的存在者，这深刻地影响了我的世界观。此书试图重新唤醒我在那五年内的思考：关于植物的本质、它们的沉默，以及它们对所谓"文化"的显而易见的疏离。

"显然，世上只有一种实体，它不仅为所有身体所共有，也为所有灵魂所共有，而它就是上帝本身。孕育身体的实体被称作物质；孕育灵魂的实体被称作理性或心灵。那么显然，上帝是所有灵魂的理性，也是所有身体的物质。"

迪南的大卫（David de Dinant）

　　"这是一个蓝色的星球，但却是一个绿色的世界。"

卡尔·约瑟夫·尼克拉斯（Karl J. Niklas）

I

序幕

1. 论植物，或我们世界的起源

我们很少谈论它们，也几乎叫不出它们的名字。哲学始终对它们视而不见，并非因为疏忽，而是出于轻蔑。[1] 它们是宇宙的装饰，是无用而多彩的意外，点缀在认知领域的边缘地带。当代都市将它们视为城市美化中奢侈的摆设。在城墙之外，它们是主人——杂草——或者是大规模生产出来的东西。在定义了我们文化的形而上学的虚荣中，植物是一道永远敞开的伤口。这种被压抑者的回归，是我们必须摆脱的，唯其如此，我们才能把自己当作与它们"不同"的东西：理性的人类、有灵的存在者。它们是人文主义的宇宙肿瘤，是绝对精神没有办法消除的废弃物。它们同样被生命科学忽略。"当前的生物学以我们对动物的认识为基础，实践层面上几乎不考虑植物"[2]；"标准的进化论文献都是以动物为中心的"。生物学教科书则"勉强把植物看作生命之树上的装饰品，而不是这棵树赖以生存和成长的形式"。[3]

这不仅仅是一种认识论缺陷："作为动物，我们认同其他动物要比认同植物来得更加直接。"[4] 于是几十年来，科学家、激进生态学和民间社会一直在为动物解放奔走呼告，[5] 谴责将人类与动物（即哲学所说的人类学机器[6]）区分开来的做法已经成了知识界的家常便饭。然而，似乎从来没有人质疑过动物生命之于植物生命的优越性，以及前者的生死权是否高于后者。一种没有人格或自尊的生命，并不值得高等生物为其调动无私的共情能力或道德情操。[7] 我们的动物沙文主义[8]拒绝超越"动物的语言，而这种语言没有办法处理与某种植物真理的关系"[9]。在这个意义上，反物种主义的动物主义不过是内化了达尔文主义的人类中心主义：它将人类的自恋延伸到了动物王国。

这种长期的忽视并未波及植物：它们全然不关心人类世界、各文明的文化，以及时代、王国的更替。植物似乎是缺席的，如同迷失在一个漫长而无声的化学梦境里。它们没有感官，但它们远未被封锁在自身内部：没有哪种生物能比它们更贴近周围的世界了。植物没有眼睛和耳朵，也就无法分辨世界的各种形式，无法在我们赋予世界的光谱与声谱中增添自己对于世界的印象。[10] 它们通过自身所遭遇的一切事物来参与作为整体的世界。植物不会奔跑，也不能飞翔：它们无法给空间中的特定地点排出优先级，它们只能留在原地。空间之于它们，并不是一个杂糅了多种地理差异的棋盘；世界则被浓缩成它们所占据的那部分天空与土地。与大多数高等动物不同，植物与周遭事物之间不存在选择性关系：它们总是，也只能是，持续地暴露于周遭的世界当中。植物生命是全面暴露的生命，全面暴露于自身与环境之间绝对的连续性和整全的交融中。正是为了尽可能地贴近世界，它们才发展出了一种重面积、轻体积的身体："植物的表面积与体积之比非常高，这是它们最显著的特点之一。植物正是通过其广阔的（的的确确是铺展在环境中的）表面，来吸收其生长所需的那些散布在空间中的资源的。"[11] 缺乏运动能力还意味着它们完全附着在环境及自身所遭遇的一切上。无论在物理上还是在形而上学上，植物都无法与容纳它们的世界相分离。植物是"在世存在"（être-au-monde）最强有力、最激进也最具典范意义的形式。向植物提问，就是要理解"在世存在"究竟意味着什么。植物体现了生命能够与世界建立的最紧密、最基础的联系。反之亦然：当我们去思考作为整体的世界时，植物是最纯粹的观测站。无论是在阳光下还是云层间，无论是飘荡在风中还是与水为伴，植物的生命都是一场无尽的宇宙沉思，不将物体与物质分离，或者换句话说，接受一切细微差别，直至与世界融为一体，直至与世界的实质相契合。除非理解了世界是什么，否则我们将永远无法理解一株植物。

2. 生命领域的延展

同几乎所有其他生命一样，植物生活在距离人类世界十分遥远的地方。这种隔离并不是简单的文化错觉，它有着更深刻的本质，而问题的根源在于新陈代谢。

几乎所有生命体的生存都仰赖于其他生命体的存在：任何形式的生命都要求这个世界上已经存在了一些生命。人类需要动物和植物来创造生命。而高等动物如果不靠进食来互换生命，它们也无法存活下去。活着，本质上就是依靠他者的生命而活：活在他者建构或创造的生命中，也通过这些生命而活。生命领域存在一种寄生现象，一种普遍的同类相食：生命以自身为养料，意识不到它需要其他形式和模式的存在。仿佛生命最复杂、最环环相扣的形式从来都只是一个庞大的宇宙级同义反复：它以自身为前提，也仅以自身为结果。这就是为什么生命似乎只能从自身出发来解释自己。而植物，它们是生命的自我指涉性（autoréférentialité）中唯一的缺口。

从这个意义上讲，高等生命似乎从未与无生命的世界发生过直接关系：因为任何生命存在的初始环境都是由同种或异种的生命个体所构成的。生命似乎理应是其自身的环境，是其自身的场所。但唯有植物违反了这条自我包含（auto-inclusion）的拓扑规则。它们不需要以其他生物为媒介就能够存活。它们对此也毫无兴趣。它们只需要这个世界，只需要由最基本要素组成的现实：石头、水、空气、光。在更高级的生命形式寓居其中之前，植物就看到了世界，看到了以最古老形式存在着的实在（réel）。或者说，它们在其他有机体尚未抵达的地方发现了生命。它们将接触到的一切转化为生命，它们让物质、空气和阳光成为其余生物寓居的空间，成为一个世界。自养（autotrophie）——米达斯[1]般的供养之力被赋予了这个名字，能够把生命接触到的一切以及生命自身都转变成养分——不单单是一种彻底的食物自治，更是植物所拥有的转化能力，它们能够把宇宙中分散的太阳能转化为有生命的躯体，能够把世界上扭曲、杂乱的质料转化为连贯、有序和统一的现实。

正是植物"创造了世界"，所以我们应该把"世界是什么"的问题抛给植物。对于绝大多数有机体而言，世界是植物生命的产物，是植物自远古以来对这个星球进行殖

---

[1] 米达斯（Midas），又译作"迈达斯""弥达斯"，希腊神话中的弗里吉亚国王，贪恋财富，求神赐予点物成金的法术，酒神狄俄尼索斯满足其愿望。最后连他的爱女和食物也都因被他手指点到而变成金子。

民的结果。不仅"动物有机体完全由植物产生的有机物质所构成"[1]，而且"高等植物占据着地球上真核生物量的90%"[2]。我们身边所有的物品和工具都来自植物（食品、家具、衣服、燃料、药物），但更重要的是，所有高等动物（具有需氧特征）的生命都以这些存在者的气态有机交换物（氧气）为养料。我们的世界首先是一个植物性事实，其次才是动物性事实。

亚里士多德主义最早考虑到植物的原初性地位，并将其描述为生机（animation）和心灵活动的一个普遍原则。对于古代和中世纪的亚里士多德主义者来说，植物生命（psychê trophykê[①]）并不只是众多具体生命形式当中的一个特定类别，也不是与其他生命形式相区隔的一个分类学单元，而是所有生命体共同享有的场所，植物、动物和人类之间的区别在其中已然无关紧要。它是一个让"生命属于所有生命体"[3]的原则。

对植物而言，生命始于将自身定义为生命体的循环，也正因如此，生命的构成才会基于形式的传播，基于种、界和生命模式的差异。植物不是中介者，不是生命与非生

---

① 字面义为"照料 / 喂养 / 植物的灵魂"。

命、精神与物质之间的宇宙阈限的施动者。它们来到陆地并且不断繁殖，由此产生的大量物质和有机物，使高等生命得以形成并获得营养。但是它们也彻底改变了我们这个星球的面貌：多亏了光合作用，我们的大气层中才有了如此丰富的氧气；[4] 同样，多亏了植物及其生命，高等动物有机体才能生产出自身生存所需的能量。正是通过和借助植物，我们的星球才产生了自己的大气层，才能让覆盖在其表皮上的存在者进行呼吸。植物生命是一种运转着的宇宙演化学，是我们宇宙连绵不绝的创生（genèse）。在这个意义上，植物学应该恢复一种赫西俄德①式语调，将所有能够进行光合作用的生命形式描述为非人的、物质的神灵，一群无须通过暴力就可以创造新世界的家养型泰坦。

从这个角度看，植物动摇了近几个世纪以来支撑生物学和自然科学的支柱之一：环境优先于生物，世界优先于生命，空间优先于主体。植物以其历史与演化，证明了生物可以创造自己生活的环境，而不是被迫适应环境。植物永久性地改变了世界的形而上学结构。它们引导着我们把

---

① 赫西俄德（Hesiod）是古希腊诗人，可能生活在前 8 世纪，原籍小亚细亚，出生于南欧地区的希腊比奥西亚境内的阿斯克拉村，他以长诗《工作与时日》《神谱》闻名于后世，被称为"希腊教训诗之父"。

物理世界视作所有物的总相，视作包含了过去、现在和将来所有事物之整体的空间：物理世界是不再有任何外部性的明确界域，是绝对的容器。植物既是世界的组成部分，又是世界的内容，在使这个世界成为可能的同时，植物也摧毁了看似统治着宇宙的拓扑等级制度。它们证明了生命就是在打破容器与内容之间的不对称性。有了生命，容器就寓于内容之中（因此也被后者所包含），反之亦然。这种双向嵌套的范式正是古人所谓的灵气（pneuma）。呼气、吸气，其实就意味着这种体验：包含着我们的空气，成为了我们的内容；相反，之前在我们体内的内容，变成了我们的容器。吐纳气息，意味着沉浸在一种穿透我们并以同样的强度被我们所穿透的介质之中。植物把世界转变成关于呼吸的现实。正是从生命赋予宇宙的这种拓扑结构出发，我将在本书中尝试描述"世界"这个概念。

3. 论植物，或有灵的生命

它们没有改造世界的双手，但在构造形式这件事上，很难找到比它们更为娴熟的施动者。植物不仅是我们这个宇宙最出色的工匠，也是为生命开辟了形式世界的物种，这种生命形式使世界成为可无限塑形的场所。通过高等植物，陆地表现为一个宇宙实验室，一种用来发明形式和塑造质料的空间。[1]

没有双手并不代表某种缺陷，而是它们持续沉浸在自己不断塑造的质料中的结果。植物与其发明的形式相契合：对它们来说，所有形式都是存在的变化，而不只是行为和行动的变化。创造一种形式意味着用自己的整个存在去经历它，就像经历自己生命中的年岁和各个阶段一样。创造和技术都具有抽象性，它们可以转变形式，但前提是把创造者和生产者排除在转变过程之外；与此相对地，植物则具有变形（métamorphose）的直接性：因为孕育生命始终意味着转变自身。意识具有悖论性，它得先区分开形式与意识自身，区分开形式与其所模仿的现实，然后才能够想象这些形式；与此相对地，植物则具有主体、质料与想象之间的绝对亲密性；想象就是去成为想象的内容。

问题不仅仅关乎亲密性和直接性：在植物身上，形式的创生（genèse）达到了任何其他生物都无法企及的强度。高等动物的发育在个体达到性成熟后就会停止，植物则不同，它们从未停止发育和生长，尤其从未停止在自己的身体上重新构造它们丧失或丢弃过的器官和部位（叶子、花朵、树干等等）。它们的身体是一种从不间断的形态发生学（morphogénétique）工业。植物生命就是万物变形的宇宙蒸馏器，这种力量能让任何形式诞生（借由不同形式的个体组成其自身）、发展（随时间改变其形式）、通过分化进行繁殖（改变现存的形式从而使其成倍增加），以及死亡（让差异性战胜同一性）。植物是一个传感器，但也不止于此，它将生命体的生物学事实变换为美学问题，也让这些问题成为一种关乎生死的探询。

也是出于以上原因，在笛卡尔式现代性把精神还原为拟人化（anthropomorphique）的形象之前，植物自几个世纪以来就一直被视为理性存在的范式，一种自我塑造的精神的范式。这种一致性的尺度就藏在种子里。实际上，植物生命在种子里显示出了它的所有合理性（rationalité）：某种现实是依据某个形式的模板被生产出来的，而且这个生产过程中间没有任何差错。[2]这与一种类似于实践或生产的合理性类似，只不过更为深刻和彻底，因为它涉及的是整个宇宙，而不单单是某个生命体：这种合理性能让世界参与到单个生命体的生成（devenir）过程中去。换言之，在种子当中，合理性不再是一个简单的心理功能（无论是动物的还是人类的），也不是某个存在者的标志（attribut），而是一个宇宙事实。它是宇宙的存在模式和物质性现实。植物为了存在，必须与世界融为一体，而它只有通过种子的形式才能做到这件事：因为理性的行为与物质的生成共同寓居于种子这个空间。

经过普罗提诺[①]和奥古斯丁（Augustin）的介入，这种斯多葛式思想成为文艺复兴时期自然哲学的支柱之一。乔尔丹诺·布鲁诺（Giordano Bruno）写道：[②]

> 普遍理智……充满一切，照耀宇宙，并指
> 导自然产生万物，各从其类。因之，它之产生
> 自然万物，犹如我们的理智相应地产生各种观
> 念事物那样。……古波斯教的僧侣称它为最多

---

① 普罗提诺（Plotinus，204—270 年），罗马帝国时期的希腊裔神秘哲学家，生于埃及，新柏拉图主义的著名代表人物。
② 以下引文的中译参考了 1984 年由商务印书馆出版的《论原因、本原与太一》，汤侠声译，第 44—45 页。

产的种子，甚至称它为播种者；因为，是它使质料承受了所有的形式，是它根据形式的意义和条件，赋予质料以形状，塑造并形成万物，使万物处于这么一种惊人的秩序中，以致这种秩序不能诿之于偶合或另一种不善于进行区分和安排的某某本原。……普罗提诺称它为父亲和始祖，因为，它在自然的田野上散布种子，并且是形式的最直接的分配者。我们称它为内在的艺术家，因为它从内部形成质料和形式，好像从种子或根的内部生出和形成干，从干的内部长出主枝，从主枝内部长出各式各样的细枝，从细枝内部发出嫩芽，从嫩芽内部，像出自叶脉般地形成、组成、长出叶、花和果；并且在一定的时间，又以内在的方式将汁液从叶与果重新引回细枝，从细枝引回主枝，从主枝引回干，从干引回根。[3]

像亚里士多德传统那样认为理性是形式的场所（locus formarum），是世界容纳所有形式的宝库，这是有所欠缺的。理性还同样是它们的形式因和动力因。假如世界上存在一种理性，那么构成世界的每个形式的创生，都是由这种理性定义的。相比之下，种子并非如我们经常误解的那样，只是形式的潜在存在（existence virtuelle）。种子是一个形而上学空间，在这个空间内，形式不再规定纯粹的表象或视觉对象，也不只是某种实体所遭遇的意外情况，而是一种命运：它既是某一个体存在的特定（但又是完整且绝对的）视域，也是让个体的存在，以及构成存在的所有事件被理解为宇宙事实而非纯粹主观事实的原因。想象并不意味着在我们眼前摆放一个毫无生气的、非物质的形象，而是去思考一种力量，一种能让世界及其部分物质转化为独个生命的力量。通过想象，种子使生命成为必然，使自己的身体与世界的进程相匹配。种子只是一个场所，在其中，形式不是世界的内容，而是世界的存在，是世界的生命形式。理性是一粒种子，因为与现代性所秉持的想法不同，无论是毫无结果的沉思，还是形式的意向性存在，理性并非盛放这些东西的空间，而是一种力量，让一个形象作为特定个体的特定命运而得以存在。理性能够使一个形象成为一种命运，成为完整生命的空间，成为时空维度的视域。它是宇宙的必然性，而非个体的任意性。

4. 走向一种自然哲学

本书试图从植物生命出发重启关于世界的问题。这么做是为了与一个古老的传统重建联系。被我们多少有些武断地称为"哲学"的东西，在诞生之初，指的是对世界本质的追问，以及关于自然（*peri tês physeôs*）或宇宙（*peri kosmou*）的论述。如此选择绝非出于巧合：将自然和宇宙作为思想优先处理的对象，暗含的意思是，思想只有在面对这些对象时才能成为哲学。正是在直面世界和自然的时候，人类才能进行真正的思考。世界和自然之间的这种同一性绝非稀松平常。因为自然指的不是人类精神活动的前提，也不是文化的对立面，而是允许一切事物诞生、生成的东西，是任何存在和将要存在的事、物、实体或观念赖以创生和转变的原则与力量。将自然和宇宙等同，首先意味着自然不是一个割裂的原则，而是体现在所有存在之中的原则。反过来讲，世界并不是所有物体逻辑上的总和，也不是存在者们的一种形而上学的整体性，而是贯穿于所有生产和转变过程中的物质性力量。物质与非物质、历史与物理之间没有任何区隔。在一个更微观的层面上，自然是让事物得以在世界上存在的原因；反之，任何将事物与世界联系在一起的东西都是自然的组成部分。

几个世纪以来，除极少数特例外，哲学不再思考自然：关注和谈论事物世界与非人类生物世界的权利基本上，甚至完全属于其他学科了。植物，动物，常见或特殊的大气现象，化学元素及其组合，星座、行星与恒星，通通都被明确排除在那个想象中的哲学重点研究对象目录之外。[1] 从19 世纪开始，许多与上述事物相关的经验都受到了某种审查：自德国观念论以来，所有冠以人文科学之名的东西都已成为某种陷入绝境也令人绝望的侦察行动，旨在消除知识领域内任何属于自然的痕迹。

"自然灭除剂"（physiocide）——借用伊恩·汉密尔顿·格兰特（Iain Hamilton Grant）创造的术语[2]——所造成的后果远比不同学科之间单纯的知识分配更具危害性。自称为哲学家的人，对自己国家历史上最微不足道的事件了如指掌，却对每天食用的动物和植物的名称、生命及来源视若无睹，[3] 这在如今可以说是见怪不怪了。但除这种无知外，拒绝承认自然和宇宙的哲学尊严还导向了一种奇怪的"包法利主义"（bovarysme）①：哲学不惜一切代价地

---

① "包法利主义"一词由法国评论家朱尔斯·德·高缇耶（Jules de Gaultier）提出，源于古斯塔夫·福楼拜的小说《包法利夫人》，高缇耶将其定义为"人所具有的把自己设想成另一个样子的能力"，亦指对生活抱有浪漫主义幻想和不切实际的追求。

追求人性化和人文主义，争取被纳入人文科学和社会科学，努力像其他所有学科那样成为一门科学——最好还是一门常规科学（science *normale*）。当错误的假设、肤浅的愿望和令人作呕的道德主义交织在一起，哲学家便转变为普罗泰戈拉①的信条"人是万物的尺度"⁴的激进追随者。哲学丧失了自己至高无上的研究对象，受到其他形式的知识威胁（不管是社会科学还是自然科学），变成当代知识界的堂吉诃德，陷入对抗自己精神投影的虚幻搏斗；抑或化身为纳西索斯（Narcisse），沉浸于回望自己往昔的幽灵，而这些幽灵早已成为地方博物馆中空洞的纪念品了。哲学被迫去处理人类过去所制造的多少有些任意的种种形象，而不是处理这个世界，因此哲学变成了某种形式的怀疑论，并且这种怀疑论往往带有道德主义和改良主义的色彩。⁵

后续影响不止于此。被驱逐的主要是所谓"自然"科学。通过把自然还原为一切先于心灵（因此被认为是属人）的事物，并且把这些事物与其属性完全分隔开，这些学科将自然转化为一个纯粹剩余的、处于对立位置的客体，一种无法占据主体地位的东西。自然只不过是在心灵出现之前、

---

① 普罗泰戈拉（Protagoras，约公元前 490 或 480 年—前 420 或 410 年），智者派的代表人物，出生在阿布德拉城，一生旅居各地，收徒传授修辞和论辩知识。

宇宙大爆炸之后的一片空的、不连贯的空间，是没有光亮和言语的黑夜，阻挡了所有的返照和投射。

这样的僵局来源于一种顽固的对生命的压制，以及对这样一个事实的压制：所有知识都已经是一种对生命存在的表达。我们永远不能直接去质问和理解这个世界，因为世界是无数生命的气息。所有关于宇宙的知识都是一个生命点（而不只是一个观点）①，所有真理都是那个处在生物媒介空间中的世界。我们永远无法不以生物为媒介而直接认识世界本身。相反，遭遇世界、认识世界、言说世界总是意味着根据某种形式或基于某种风格来生活。为了认识世界，我们必须选择从生命的哪个层级、哪个高度以及以何种形式去看待世界，继而去体验世界。我们需要一个媒介，一个视角，能够去观看和经历这个世界上我们无法到达的地方。当代物理学也是如此：其媒介是它架设起来的诸多机器，它把这些机器放在主体的补充性和辅助性位置，却又立刻把它们隐藏起来，拒绝承认它们是物理学视角的延伸，因而只能通过单一的视角来观察世界。[6]显微镜、望远镜、卫星和加速器不过是无生命的、物质性的眼睛，

---

① 这里作者使用了一个文字游戏，"生命点"（point de vie）是从"观点"（point de vue）一词转变而来的。

让物理学得以观察世界，拥有看世界的视角。然而，物理学所使用的机器是患有远视的媒介，它们总是有些迟钝，聚焦在离宇宙深处太远的地方：它们看不到寓于宇宙深处的生命，看不到自身具有的宇宙之眼。至于哲学，它一直选择近视的媒介，永远只能关注到近在眼前的那部分世界。如同海德格尔，再加上其余的20世纪哲学所做的那样，[7]向人类询问什么叫作"在世存在"就是去复制一个极其片面的宇宙形象。

然而就算我们把视线转移到动物生命最基本的那些形式上，也是不够的（就像尤克斯库尔[①]教导我们的那样[8]）：蜱虫、家犬、鹰隼的脚下有着无数的世界观察者。植物才是真正的媒介：它们是第一双出现并朝世界张开的眼睛，在这目光中，它们努力感知世界的所有形式。归根结底，世界就是植物所理解并造就的那个样子。正是它们创造了我们的世界，虽然这种创造与其他生物活动的创造有着截然不同的地位。本书便是要向植物提出关于世界的本质、广延及一致性的问题。同样，尝试重建一种宇宙论（这

---

① 雅各布·冯·尤克斯库尔（Jakob von Uexküll，1864—1944），是波罗的海德意志生物学家，从事肌肉生理学和动物行为学研究，对生命控制论产生了影响，他的研究确立了生物符号学这一领域。

是唯一可以合法的哲学形式），必须从探索植物生命开始。首先，我们会假定世界具有一种基于大气的一致性，这点可以叶作为见证。其次，我们将通过考察根来解释地球真正的本质。最后，花会告诉我们何为理性，而此时理性不再被衡量为普遍的能力或权力，而是一种宇宙力量。

II

叶的理论
世界的大气

5. 叶

　　它静止、稳定，接触各种大气现象，直至融入其中。它毫不费力地悬停在空中，无须绷紧任何肌肉。它是不会飞翔的鸟儿。叶，是植物征服陆地引发的第一个重大反应，是植物陆地化进程（terrestrisation）的主要结果，表达着植物对空中生活的热情。

　　从树干的解剖结构到植株的一般生理特征，包括几千年来所有演化选择的历史，一切都有利于叶的存在。一切都是被预设好的，并且从目的论层面上说，一切都已被限定在这个向天空敞开的绿色表面之下。来到空中之后，植物被迫不停修整它的形状、结构和演化方案。首先是树干发明了一种"夹层"结构，使自己既克服了重力阻碍，又不丧失与地面及土壤水分的联系。因为直接、持续地暴露于空气与阳光当中，所以树干才要具备坚固且渗透性良好的结构。

　　叶不仅承载着所属植株个体的生命，还承载着生物王国，亦即整个生物圈的生命，对于这个王国而言，叶是最典型的表现形式。

整个生物世界，无论是植物还是动物，都严格受制于质体从阳光中提取到的能量，并且依赖这些能量来建立联结葡萄糖分子的纽带，从而维持生命。因此，地球上的生命——植物界的自主生命并不亚于动物界的寄生生命——都是因为叶绿素质体的存在和运行能力才成为可能，而叶绿素质体[正是存在于叶片之中的]。[1]

叶给绝大多数生物施加了一个独特的环境：大气。

我们习惯用花来识别植物，因为那是它们最华丽的表现形式；抑或用枝干来识别树，因为那是它们最坚实的形态。但植物首先且优先是叶子。[2]

叶不仅仅是植物的主要部分。叶**就是**植物：枝干和根是叶的组成部分，是叶的基础，叶子高挂在空中，枝干和根作为简单的延伸部分，为叶子提供支撑，也提供从土壤中获取的养分。……整株植物是根据叶子被辨认出来的，而其他器官都只是附属。叶生产出植物：花朵、萼片、花瓣、雄蕊和雌蕊都由叶形成；果实也是由叶形成的。[3]

想要掌握植物的奥秘，就必须从各个角度，而不是仅从遗传和演化的视角来了解叶。在它们身上，我们称之为"气候"的秘密被揭示出来。

气候指的并不是笼罩着地球的全部气体。它是宇宙流动性的本质，是我们这个世界最深刻的面貌，它将世界显现为万事万物的无限混合体（mélange），混合了现在、过去和未来。气候就是这个混合体的名称，也是混合体的形而上学结构。气候若要存在，一个空间内的所有元素必须混合在一起，同时依然可以被辨认出来——元素不是通过质料、形式和毗邻来实现结合的，而是通过相同的"大气/气氛"（atmosphère）。如果说世界是一，那并不是因为世界有且仅有一种普遍的实质或形态。在气候层面上，一切存在和曾经存在的事物都构成了一个世界。气候是作为宇宙统一体存在的。在任何气候中，内容与容器的关系都可以不断反转：场所变成了内容，内容也变成了场所。介质（milieu）变成了主体，主体也变成了介质。任何气候都预设了这种持续的拓扑反转，其产生的振荡破坏了主体与环境（milieu）之间的界限，使二者的角色发生反转。混合体不是各种元素的简单组合，而是这种拓扑交换关系。混合体定义了流动性的状态。流体（fluide）指的不是缺少阻力的空间或躯体。它与物质的聚集状态无关：固体不必变作气态或液态，也依然可以是流体。流体是普遍的循环结构，是万物在其中互相接触、互相混合却不会损失自身形式和实质的场所。

叶是一种具有范式意义的开放性形式：生命能够被世界穿透而不被世界摧毁。叶也是绝佳的气候实验室，是制造氧气并将其释放到空间中的蒸馏瓶，而氧气这种元素则让无限多样的主体、躯体、历史和世间存在得以实现其生存、在场和混合。这些遍布全球、捕捉着太阳能量的小小绿色叶片是宇宙的结缔组织，数百万年来，它们使最不协调的生命能够相互交织、混合而又不会溶解于彼此。

我们这个世界的起源并不发生在数百万光年之外，某个在时空上都离我们无限遥远的事件中——也不在某个我们从未涉足的空间里。它就在这儿，就在现在。像所有存在者一样，世界的起源是季节性的，是富有节奏的，也是会衰朽的。它既不是实体，也不是基础，它既不在地面，也不在天空，而是位于两者中间的位置。我们的起源也不在我们的内部（*in interiore homine*）①，而是在外部，暴露

---

① 出自奥古斯丁语录 "Noli foras ire, in teipsum redi, in interiore homine habitat veritas"，意为 "莫希冀外求，请返回自身，真理就寓于人的内心"。参见奥古斯丁《论真正的宗教》（*De vera religione*）39.72. [2024.2.22]，http://www.augustinus.it/latino/vera_religione/index.htm。

于空气中。它不是什么稳定的或者祖传的东西，也不是什么神灵、巨人或者硕大无比的星辰。它并非独一无二。我们世界的起源就是这些叶子：它们脆弱、易损，但在度过艰难的季节后又能重获新生。

6. 提塔利克鱼

2004 年在埃尔斯米尔岛 ①，一组美国古生物学家在泥盆纪沉积物形成的岩石中，发现了距今 3.8 亿至 3.75 亿年前的一种骨鱼化石，它属于肉鳍鱼纲 ②，看起来是鱼和鳄的某种杂合体。[1] 这种动物的学名叫做提塔利克鱼 (Tiktaalik roseae)，它有效地结合了鱼类和四足动物的解剖学特征。这一发现可以被当作地球动物生命起源于海洋的证据之一。大多数（甚至全部的）高等生命体都是某种适应程序的产物，而这种适应程序是从流体介质开始的。

自 1953 年那场著名且饱受争议的米勒 – 尤里实验 [2] 以来，海洋，或按习语，"原始汤"（soupe primordiale）[3] 是所有生命形式的原初生存介质的观点似乎已为人们所接受。尽管该假说在生物学和动物学上的真实性还有待验证，

---

① 埃尔斯米尔岛（L'île d'Ellesmere），世界第十大岛，位于加拿大北极群岛的最北端，面积 19.6 万平方公里。

② 肉鳍鱼纲（Sarcopterygii）是硬骨鱼类的一个演化支。此类鱼的特点是鱼鳍中有多关节的附肢骨骼，在胸鳍和腹鳍的基部有胛骨和强劲的骨骼肌，这些骨骼结构和之后四足动物的四肢同源。

但将其作为形而上学的实验对象还是很有趣的。我们会用一个简短的思想实验（Gedankenexperiment），来将眼下这个单纯的哲学想象中的生物学假说扩展开去。这么做的结果或许更接近一种神话写作，而不是宇宙论领域的科学论文。然而，只有通过这样一种想象力的努力，我们才能看到，并间或理解物理世界。

让我们认真，或至少暂时认真对待这个假说，以便使它变得更激进一些："原始汤"假说以一种简单的经验性观察，揭示了生命与流体介质之间重要但却偶然的联系，我们则想将其转化为一种必然的宇宙论关系。[4]那么，让我们假设，生命并非偶然地起源于流体物理环境（无论其内容是水分子还是氨都无所谓），而是因为生命现象只有在流体环境里才有可能出现。无论从生命本质，还是从生命与栖居环境之间的关系上讲，生命体从海洋到陆地的转移不应被解释为一种彻底的转变或重大变革，而应被解释为同一流体介质（物质）的密度和聚集状态的渐变，而该流体可以呈现出不同的构型。从这个意义上说，让（复数的）生命形式和流体介质之间的关系具有必然性，意味着我们要提出两个关键假设：一个涉及世界和物质的实在，另一个涉及生命的实在。

首先我们必须认识到，从生命的视角来看，无论生命体的客观性质如何，构成其栖居世界的物质，即使其元素间有差异，即使在物理上是非连续的，但在本体论上，物质是统一且同质的，而这种统一性就在于它的流体性质。流动性不等于物质的一种聚集状态：它是世界在生命中和在生命面前构成自身的方式。任何物质，不管它是固态、液态还是气态，只要能将其形式扩展为一个自我形象，无论这形象是一种感知还是一种物理上的连续性，它就都是流体。如果说所有生命体只能存在于流体环境中，那是因为生命本就有助于构建这样一个始终不稳定的世界，一个始终陷于自我增殖和自我分化运动中的世界。

所以，鱼不单单是生物演化的阶段之一，也是所有生物的范式。就像海洋，它不应纯粹被视为某些生物的专属环境，而是世界本身的隐喻。于是所有生物的"在世存在"就需要从鱼的世界经验出发，来获得理解。这种"在世存在"也为我们所有，它始终是一种"在世界的海洋中的存在"（être-dans-la-mer-du-monde）。这是一种沉浸（immersion）。

如果生命始终且只能作为沉浸存在，那么，我们用于描述解剖学和生理学的大部分概念和划分方法，以及我们积极运行的那些维系我们生活的身体力量，简言之，所有生物的具体存在的现象学，都得被重新书写。对于所有沉浸中的存在而言，运动与静止之间的对立已不复存在：静止是运动的结果之一，而运动亦是静止的后续动作，如同滑翔中的雄鹰。

任何不能区分静止与运动的存在者，都不能把沉思与行动对立起来。一方面，沉思的前提是静止：只有假设保持静止的主体面前有一个固定、平稳、坚实的世界，我们才能够谈论客体，进而谈论思想或看法。另一方面，对于沉浸中的存在者，世界——沉浸的世界——严格来讲并不包含真正的客体。在这个世界里，一切都是流动的，一切都存在于运动中：与主体一起、与主体相对抗或内在于主体。它们被定义为趋近、远离或伴随生命体的元素或流（flux），而生命体本身也是流或者流的一部分。确切地说，这个宇宙没有事物存在，是一个充满强度不同的事件的巨大场域。因此，如果"在世存在"等同于沉浸，那么思考与行动、工作与呼吸、移动、创造以及感受都将是不可分割的，因为沉浸中的存在者与世界的关系不是主体与客体的关系，而是水母与海洋的关系，这种关系使存在者可以成为它自己。我们与世界其他部分之间没有任何物质上的区别。

沉浸的世界是流体物质的无限广延，其流速有快慢变化，不过更重要的是，流体物质在阻力或渗透性方面也有不同。因为在运动中，一切事物都力求穿透世界并被世界所穿透。这里的关键词是渗透性：在这个世界里，万物都寓于万物之中。构成海洋的海水不仅位于作为主体的鱼的面前，还在它体内，正在穿过它，或已被它排出体外。世界与主体之间的相互渗透，赋予空间一种永恒变换的复几何[①]结构。

把世界当作沉浸来处理，似乎是一种超现实的宇宙论模型，然而我们比想象中更经常地体验到这一点。实际上，每次聆听音乐时，我们都会重新经历鱼的体验。如果我们不是依据视觉提供的那部分现实来描绘周遭的宇宙，而是基于我们的音乐经验来推导出世界的结构，我们描述出来的世界就不是由客体组成的，而是由穿透我们和被我们所穿透的流（flux）组成的，亦是由强度不同的、永恒运动的波浪（vagues）组成的。

想象一下我们和周围的世界都是由相同的材质造就的；想象一下我们与音乐拥有相同的本质，都是空气的一系列振动，就像水母只不过是一团更浓稠的水。如此，我们就会对何为沉浸持有非常准确的印象。如果在一个专为

---

① 复几何（géométrie complexe）是数学中研究复流形的几何学。

听音乐而设置的空间（比如唱片收藏室）里听音乐能给我们带来许多愉悦，那是因为这能让我们把握住世界最深刻的结构，眼睛则时常妨碍我们去感知到它。作为沉浸的生命就是要我们把眼睛当作耳朵。感受则意味着总是同时触摸我们自己和周遭的宇宙。

在这个世界，如果行动和沉思再也无法被区分开，那么这个世界里的物质与感受性（sensibilité）——或者说，眼睛与光线——同样是完美糅合在一起的。身体与感受器官不再分离。我们再也不是用身体的某个部位，而是用我们的整个存在来感受。我们会是一个巨大的感官，与被感知的对象混合在一起。耳朵就是它所听到的声音，眼睛则永远沐浴在赋予它生命的光芒之中。

如果说生命与流体环境有着不可分割的联系，那是因为生物与世界之间的关系从来不能被还原为一种对立（或客体化）的关系，也不能被还原为一种合并的关系（比如我们在进食中体验到的）。生物与世界之间最原始的关系是一种双向投射的关系：通过这种运动，生物将自己必须用身体来完成的事情委托给世界，反之，世界将本该在生物外部实现的运动托付于生物。我们称之为技术的东西就是这种类型的运动。受益于技术，精神得以活在生物的身体之外，并使自己成为世界的灵魂；反过来，自然运动在生物的观念中找到了它的起源和终极形式。这种双向投射的发生也是因为生物认同了它所沉浸其中的世界。家庭就是这种运动的成果。我们把自己投射到最邻近的空间中，把这部分空间变成某种亲密的东西，变成与我们身体有着特殊关系的一部分世界，变成我们身体的某种日常的、物质性的延伸。我们与家的关系恰恰是一种沉浸关系：我们不是像面对客体一样面对它，而是像鱼儿活在海里一样活在自己家里，如同活在"原始汤"中的那些原始有机分子。其实，我们从未停止作为鱼而存在。提塔利克鱼只是我们发展出来的形式之一，为的是将宇宙转变为任我们沉浸其中的海洋。

7. 暴露于空气：大气的本体论

生命从未放弃流体空间。生命在远古时代离开海洋后，便在自身周围发现并创造了另一种流体，它具有不同于海洋的浓度、结构和性质方面的特征。随着陆地世界被持续殖民，[1]在海洋环境外，干燥的世界转变为一个广阔的流体，大部分生物因此得以在主体与环境的双向交换关系中生活。我们不是大地的居民；我们居住在大气中。陆地只是这个宇宙流体的极限边界，流体之内万物相通，万物相触，万物延展。征服大地，首先就是要制造这种流体。[2]

数亿年前，在寒武纪末与奥陶纪初之间的某个时期，一群有机体离开了海洋，并且留下了第一批我们已知的动物生命痕迹：它们极有可能是同足目节肢动物[3]，也就是长着爪子和尾节（尖尾状附属部位）的生物。它们在地球上的现身仍是短暂且具有实验性的：它们在空气环境中寻找食物或进行繁殖。[4]这个面向它们开放的世界，已经由其他生物塑造完成。我们所栖居的天地是一场灾难性污染的结果，这场灾难又被称为大氧化事件、氧气大屠杀或氧气灾难。[5]一些地质和生物因素的共同作用似乎彻底改变了地球的样貌。蓝藻是第一批能够进行光合作用的生物，它的生长和地球表面的氢气流动共同引起了氧气的累积，海水与地表中的元素（比如铁或石灰岩）会在第一时间与这些氧气产生氧化反应。随着维管植物①的发展和传播，大气趋于稳定：游离氧的数量超过了氧化阈值，氧气便以游离态积累起来。氧气的大量出现又反过来导致了陆地和海洋中大多数厌氧生物的灭绝，这为需氧生物的形成创造了条件。[6]

　　生物在陆地上永久定居下来的同时，环绕与包裹着地壳的气体空间恰好也发生了根本性的转变：我们自 17 世纪起就称之为大气的东西，其内部构成已经发生了改变。[7] 得益于植物的存在，大地最终成为一个关于呼吸的形而上学空间。第一批殖民陆地并使其变得宜居的生命，是那些能够进行光合作用的有机体：第一批完全陆生的生物，就是最伟大的大气改造者。在另一边，光合作用是一个大型大气实验室，将太阳能转化为生命物质（matière vivante）。从某种角度来看，植物从未放弃海洋：它们只是把海洋带到了原本没有海的地方。它们将天地转变为无边无际的大气海洋，并将自己的海洋习性传递给世间万物。

---

① 维管植物（Tracheophyta），或作维管束植物，是指具有维管组织的植物，这些组织中的液体可进行快速流动，为全株植物运输水分和养分，它包括蕨类植物和种子植物。全球已发现的维管植物有 30 余万种。

从这种意义上讲，光合作用是一种将世界流体化的宇宙进程，通过包括它在内的种种运动，世界的流体得以建立：让世界得以呼吸，并让世界保持在一种动态的张力中。

植物因此使我们明白，沉浸并不是一个简单的空间决定论：沉浸并不能被还原为置身在某种环绕和穿透我们的事物里面。正如我们所看到的，沉浸首先是一种主体与环境、身体与空间、生命与介质（milieu）之间相互穿透的行动。主体和环境不可能在物理和空间上被区分开来：它们必须积极地穿透彼此才能实现沉浸。否则，我们就只是在讨论两个身体的并置或毗连，它们之间仅有边缘相互触碰。主体与环境相互影响，并且通过这种双向的行动来定义自身。从主体方来看，这种共时性体现在被动性和主动性的形式一致上：主体穿透周围的环境，就等于被周围的环境所穿透。所以，在任何发生沉浸的空间中，行为与承受行为，施力与受损，这些都会根据形式发生混合。例如我们每次游泳时，都会有这种经验。

但是，沉浸的状态主要是一种形而上学位置，属于介于存在与行为之间的更激进的身份。如果不改变我们周围环境的实在与形式，我们就无法存于一个流动的空间中。从植物带给我们世界的那些宇宙演化方面的影响来看，植物的生命就是最强有力的证据。植物的存在本身就是对宇宙环境的一次全面改造，换句话说，这是对穿透了植物同时也被植物所穿透的世界的改造。植物仅仅是存在着，就已经改造了整个世界，它们甚至都不需要移动，也无须采取行动。对它们而言，存在就意味着创造世界，反过来讲，建设（我们的）世界、创造世界无非是存在的同义词罢了。植物并不是唯一体验到这种巧合的生命体，有机体在这方面表现得还要更加明显。因此我们必须归纳这种经验并得出结论：任何生命体的存在都必然是一种宇宙演化行动，而世界对于寓居其中的生命来说，始终既是生命的可能性条件，同时也是生命的产品。每个有机体都发明了一种制造世界的方法（在此挪用纳尔逊·古德曼的表述，即"构造世界的方式"[①]），而世界永远都是生命的空间、生命的世界。

从这个视角出发，我们可以衡量介质或环境概念的局限性，因为这些概念仍然只是在表征并置与毗连状况下生物与世界之间的关系，并且从本体论和形式上认为介质或

---

① 纳尔逊·古德曼（Nelson Goodman）在其著作《构造世界的多种方式》（*Ways of Worldmaking*）中，通过具体讨论风格、引语、艺术的象征功能和知觉问题，得出了"世界是被构造而不是被发现的"这个非实在论结论，亦即世界是由我们使用各种不文字和非文字的符号系统构造出的各种世界样式构成。该书中文版于 2008 年由上海译文出版社出版，本书在此沿用其对"worldmaking"的译法。

环境独立于身居其中的生命有机体。如果说所有生物都是一种在世界中的存在，那么每个环境都是一种生物中的存在。世界和生物不过是它们之间关系的一轮光晕、一阵回声。

*

实际上，我们永远无法与世界的物质相分离：构成了山川和云彩的物质，同样构成了每个生命体。沉浸是一种物质上的重合，它起始于我们体内。这就是为什么有机体不需要离开自己的身体就能再次勾勒出世界的面貌，它们也不需要做什么，不需要加入或感知其"环境"：通过简单的存在行为，它们就已经在塑造宇宙了。在世界上存在必然意味着创造世界：生物的所有活动都是在对世界的鲜活血肉进行设计。反过来说，想要构建世界，丝毫不需要制造一个有别于自我的客体（向身体外倾泻出物质），也不需要直接且有意识地感知、认识和抓住世界的某个部分并想要改变它。与行动和意识相比，沉浸是一种更深层次的联系，它处在比实践和思想更下面的位置。它是一种静默的、暗哑的、本体论的设计。它是一种"易塑形性"（plasmabilité），对生命不施加任何阻力；它使宇宙物质能够轻易变形为生命主体，并生成为特定有机体的现实躯体（甚至比以摄取营养为代表的吞并行为更轻易）。由此，植物向我们展示了"在世存在"的最基本形式：它们并不被动地，完全附着于世界。不仅不被动，它们还对世界施加了最强烈、最有成效的影响，范围涵盖全球而非局部地区，而我们全体仅仅是存在着就能体验到这种影响。植物改变的是世界，而不仅仅是它们所处的环境或生态位。思考植物意味着思考一种直接身处宇宙演化之中的"在世存在"。光合作用是与植物本身的存在相融合的主要宇宙演化现象之一，它既不属于沉思，亦不属于行动（就像海狸建造堤坝一样）。因此，植物要求生物学、生态学以及哲学去重新思考世界与生物之间的关系。

事实上，用德国自然科学家雅各布·冯·尤克斯库尔所设想的极其观念论的模型来解释植物与世界的关系，这是行不通的。尤克斯库尔追随康德的脚步，声称我们应该把每个动物都当作对其器官行使主权的主体，[8]他将世界想象成"一个肥皂泡，[它]显现出动物的生活环境，并囊括了主体所能拥有的全部特征"[9]：

> 我们从康德那里发现，并不存在一个我们的主体不能施加影响的绝对空间，因为空间的

具体材质，即地点和方向的标志，就像空间的
形式一样，都是主观的产物。如果没有空间性
质及其基于统觉（apperception）产生的普遍形
式的综合，那就不会有空间，而只会有大量的
感官性质，如颜色、声音、气味等，它们各有
其形式和所在，但却缺少一个交汇的场所。[10]

这是因为"每个主体都像蜘蛛织网一般，编织着自己
与事物某些特征之间的关系，将其织成一个承载主体之存
在的网络"。[11] 所以环境是一种"心理产物（psychoidales
Erzeugnis）"，不能从物理或生理因素中被推导出来。每个
环境都具备一个时间与空间的框架，其中包含一系列的感
知特征和秩序标志"[12]。尤克斯库尔的这个模型至少有两
点不足。首先，它把个体与世界的关系设置在了认知和行
动的形式上：只有通过这两个渠道才能接触世界，仿佛个
体生命的其余部分只能被封闭在自我内部，而不是被抛进
世界、暴露于世界中、被迫以世界为食、用世界的元素来
构建自己。其次，作为第一点主要局限性的结果，尤克斯
库尔的模型假定，接触世界这件事在本质上是有机的，亦
即发生在一个器官内，且通过这个器官发生（它可以是认
知器官也可以是实践器官）。植物不仅不会行动或感知——

至少不会有机地行动或感知，亦即不会用专门服务于此的身体部位进行行动或感知——也不会在某个器官内向世界袒露自己。植物必须在其身体和存在的整体性中，不分形式与功能地向世界敞开自己，并融入其中。

根据生态位构建理论来设想植物与世界的关系，这同样行不通。约翰·奥德林-斯米（John Odling-Smee）、凯文·拉兰德（Kevin N. Laland）及马库斯·费尔德曼（Marcus W. Feldman）的细致阐述奠定了生态位构建理论的基础，[13] 该理论认为有机体能够通过新陈代谢和活动来改变自己或其他生物的生态位，而不是只能承受环境的压力。[14] 生物行为作用于周遭环境的观点[15] 可以追溯到查尔斯·达尔文生前出版的最后一本书，他在其中一反自己关于自然选择的论点，写道："蠕虫在世界历史中扮演的角色远比大多数人想象的重要得多。……每年都有成吨的干燥土壤通过它们的身体被带到地表。"[16] 它们的行动因而在解离岩石、侵蚀土地、保存古代遗迹[17] 以及为植物生长准备土壤[18] 方面起到了决定性作用。它们"几乎不具备感觉器官"，所以无法向外部世界学习，但它们在建造地道方面却表现出极高的专业度，更重要的是，"在堵住地道入口的方法上，它们清楚地展示了相当程度的智慧，而不是单纯的本能冲动"。[19] 这些几乎无组织的生物在地球上层造成的改变不仅影响到了其他生物（人和植物）的生命，还影响了它们自己栖息地的状态，它们做出这些改变是为了造福后代。生态位构建理论从达尔文的观察出发，强调了生命体不是自然选择的牺牲品，适应环境也不是它们唯一的命运，即使最基础的生命体也是如此[20]：它们还能够修改周围的空间，并将这个新世界传给后代。从这个意义上说，通过制造可以代代相传的永久性变化，生命体产生了文化，[21] 所以文化并不是人类的特权，而是一种遗传，一种生态学而非解剖学意义上的遗传，[22] 一种体外（exoso-matique）遗传。[23] 然而，尽管生态位构建理论使我们有可能超越经典进化论所特有的二元对立，但它却并不足以支持我们去思考沉浸所特有的亲密性。生态位的概念实际上引起了某种双重分离。首先，提出这个概念是为了表达竞争排斥原则（也称高斯定理[24]）的现实，即同一空间内的两个种群，为了充分享受现有资源，势必会努力淘汰另一方，这个概念似乎是从排他性的角度来处理世界与生物的关系：世界至少趋向于成为单一物种的空间，成为特定生命形式的栖息地（正如尤克斯库尔所述）。但是，存在于世界之中，意味着不可能不与其他生命形式共享周围的空间，不可能不接触其他生命。正如我们所看到的，世界的定义就是诸多他者的生命：即其他生物的总和。因此，真正需要解释的奥秘是如何将所有生物都纳入同一个世界，而不是将其他生物都排斥在外——排斥始终是不稳定、虚假和短暂的。其次，通过生态位的概念，人们还将现实存在和影响的范围都限制在紧邻于生命主体的空间或直接关系到生命主体的各种因素和资源上。相反，承认世界是一个沉浸的空间，则意味着它没有稳定或真实的边界：世界这个空间永远无法被还原为房屋、领地、巢穴和近处。于是，"在世存在"就意味着在自己的地盘之外、在自己的栖息地之外、在自己的生态位之外施加影响。我们所寓居的永远是整个世界，而这整个世界永远会被他者所侵扰。

最后，任何生物对环境的影响[25]都不能简单地用它的存在施加于自身外部的效果来衡量：它的存在本身——只因它是世界上非特定物质绝无仅有的塑造物——就是生物对其环境的主要影响。如果说环境不是从生物的皮肤之外算起，那是因为世界已经在其内部了。从这个意义上讲，生物施加于世界的行动并不能被当作生态系统实施的一种工程。[26]

*

查尔斯·邦尼特（Charles Bonnet）写道："植物是被

种在空气中的，跟它们被种在土壤里的方式差不多。"[27]
相较于土壤，大气才是植物的首要介质，是植物的世界。
光合作用因而是植物"在世存在"的最彻底表达。在被
认为是制造生命能量的主要机制之前，光合作用被理解为
一种自然的空调装置。"我可以自夸一下，"约瑟夫·普
里斯特利（Joseph Priestley）在 1772 年写道，"我无意中
发明了一种方法，可以恢复被燃烧所污染的空气，而且我
发现了至少一种，大自然会为此使用的恢复剂，那就是植
被。"[28]

　　一位论派神学家普里斯特利，因其对电的研究而闻名
于世，他曾将一株薄荷放在蜡烛燃烧过的玻璃钟罩内。他
注意到，27 天之后，另一支蜡烛依然能在钟罩内部完美地
燃烧。[29]普里斯特利认为，这是由于植物吸收了动物呼吸
和腐烂产生的气体（用当时的话来说就是"燃素"[matière
phlogistique]），并将其纳入自身。[30]这个发现促使他提
出植物界和动物界互补的原则："植物并不像动物那样，
通过呼吸影响空气，植物能够逆转呼吸的影响，当大气因
为生活在其中的动物生存、呼吸、死亡或腐烂而变得有毒
时，植物倾向于保持大气的芬芳和清洁。"[31]植物的"在
世存在"寓于它们创造（或再造）大气的能力中。从某
种角度来看，这就是从制造的大气类型来思考生物本身

的——无论它属于哪个类目和王国，就好像"在世存在"归根结底意味着"创造大气"，而非相反。

几年以后，荷兰医生扬·英恩豪斯（Jan Ingenhousz）拓展了普里斯特利的直觉，他发现植物"净化坏空气和改善好空气"[32]的能力要完全归功于叶子。

> 大自然清洁和净化大气层空气的伟大实验室之一，就位于叶子的物质当中，并在太阳的影响下发挥作用。被净化过，变得对植物无用且有害的空气主要从大多位于叶片下表面的排泄通道中被排出。[33]

英恩豪斯真正发现了光合作用（而不仅仅是它的效果），这是因为他意识到了净化和调节空气的工作与阳光的存在密切相关。"植物只有在白天或阳光下才会产生非燃素的空气，并在这种光线的影响下以某种方式做好准备，然后开始继续运作。"[34]英恩豪斯把植物浸入装满水的盆中，同时观察到：

> 叶子在阳光影响下产生的空气很早就以不同形式出现在叶片表面了，最常见的形式是圆

形气泡，这些气泡逐渐增大，并与叶片分离，继而或上升，或下沉至盆底；随后又有新的气泡冒出，直到叶子无法从大气获取新的空气，变得疲乏不堪。[35]

英恩豪斯在水中发现的事实并无任何反自然之处，他认为：

> 也许有人会反对说，植物的叶子在被流水包裹时，自始至终都不是处于自然状态，那么如果让叶子在自然状态下重复同样的操作，这种实验可能就会出现不确定因素。我并不认为泡在水里的植物处在违背其自然本性的情况中，以致其惯常的活动都被扰乱了。如果没有泡在里面太长时间，水对植物来说是无害的。水只是切断了植物与外界空气的联系。[36]

普里斯特利和英恩豪斯的实验与发现（随后还有瑟讷比埃[37]、尼古拉-泰奥多尔·德·索绪尔[38]、尤利乌斯·罗伯特·冯·迈尔[39]和罗宾·希尔[40]，在此仅列出最伟大的几位发现光合作用过程真正本质的科学家）之所以如此重要，不仅因为它们让我们对植物生理学的理解向前迈进了一大步，还因为它们迫使我们彻底改变了对大气的看法。我们所呼吸的空气不是一种纯粹的地质或矿物现实——它不是简单地存在于那里，也不是地球本身具有的效果——而是其他生物的气息。空气是"他者的生命"的副产品。对于数量庞大的有机体而言，呼吸是首要、最寻常且最无意识的生命行为，而在呼吸中我们仰赖于他者的生命。但归根结底，他者的生命及其表现形式就是现实本身，就是我们称之为"世界"或"介质"的物体和物质。呼吸已然是第一种同类相食（cannibalisme）：我们每天都要摄入植物的气态排泄物。离开他者，我们无法存活。反过来讲，每个生物首先都是使其他生命成为可能的东西，是可传递的生命的产物，被他者吸入呼出，在世间流转。生物并不满足于赋予有限的物质以生命，使其成为我们所谓的身体，生物更要赋予其周围的空间以生命。这便是沉浸之所在：生命永远是其自身的环境，而正因如此，生命在身体之间、主体之间、地点之间流通。

此外，光合作用还表明，从全球范围来看，生命与世界的基本关系比我们基于适应概念所想象到的要复杂得多。

适应是一个值得怀疑的概念，因为有机体要去适应的环境是由其附近的有机体活动来决定的，而不完全是由化学和物理的盲目力量所决定。……海洋、岩石以及我们呼吸的空气，都是生物有机体的直接产物，或者都因生物体的存在而发生过巨大改变。[41]

世界不是一个充满竞争和排斥的空间，而是以最彻底的混合体形式敞开自身的形而上学空间，这里允许不可共存的事物共同存在，如同一个炼金术实验室，其中的一切都能改变性质，从有机转变为无机。沉浸使共生（symbiose）和共生起源（symbiogenèse）成为可能：如果说有机体能够借助其他生物的生命来确定自己的身份，那是因为所有生物从一开始就生活在他者的生命之中。[42]

植物是地球的"原始汤"，它使物质有可能成为生命，又使生命得以重新变为"原材料"。被我们称为"大气"的东西就是这种彻底的混合体，它让万物在不牺牲形式或实质的情况下共存于同一场所。

大气不仅仅是世界的一部分，它还是一个形而上学场所，在其中，一切都依赖于其余的一切。它是世界的第五元素①，是一处所有个体的生命都与其他生命混合在一起的空间。我们所生活的空间并不是一个我们必须去适应的简单容器。它的形式和存在与它所容纳和成就的生命形式密不可分。我们呼吸的空气、土壤的性质、陆地表面的线条、天空浮现的形状，[43] 以及我们周围万物的颜色，这些都是生命直接产生的影响。它们也都是生命的原则，而这两方面的意义与强度并无区别。世界并不是独立于生命之外的自主实体，世界是所有介质的流体本质：气候、大气。

*

它环绕着我们，穿透了我们，我们却几乎意识不到它的存在。它不是一个空间，而是一个纤薄、透明的躯体，几乎无法被触觉或视觉感知到。但正是从这种包罗万物、穿透万物并被万物所穿透的流体中，我们获得了世界的色彩、形状、气味与滋味。正是在这个流体中，我们可以与各种事物相遇，让自己被存在和不存在的一切触碰。正是

---

① 第五元素（quintessence）在哲学上指某些古希腊哲学家认为的除水、土、空气、火四元素外的第五种元素，即以太；在物理上则是一种对于暗能量的假设形式，被提出来解释对于宇宙加速膨胀的观测。

这个流体让我们思考，也正是这个流体让我们生活和爱。大气层是我们的第一个世界，是我们完完全全沉浸其中的介质：气息的圈层（sphère du souffle）。它是绝对的媒介，世界在其中并通过它奉献出自己；我们在其中并通过它将自己奉献给世界。除了是绝对的容器，它还是万事万物的搅拌器，是事物之间无限的、普遍的相互渗透的质料、空间和力量。大气层并不是世界中与其他事物截然不同且分离的部分，而是使世界变得宜居的原则，世界由此向我们的呼吸敞开，同时其自身也成为事物的气息。从大气的角度来说，我们始终存在于世界之中，因为世界是作为大气存在的。

"大气层"是现代术语，是在 17 世纪被发明出来的一个新词，是想为荷兰语的表达方式"dampcloot"增添一丝古典气息，这个词本身则是从拉丁语的"vaporum sphaera"翻译而来的，后者根据伽利略的说法，意指雾气弥漫的区域（regione vaporosa）[44]。但是，在成为紧贴地壳、因阳光反射而温暖、因地表水汽上升而潮湿的空中区域之前，大气层数百年来也是各种元素和形式流通的空间，是它们相互结合的形而上学空间，是所有事物的统一体，以气息的契合而非形式和物质的契合来衡量。

斯多葛学派率先从大气的角度思考世界的统一性。

通过考察统一性的不同形式，以及世界作为整体所特有的统一性形式，斯多葛主义发展出了"整体混合"（krasis, di'holôn antiparektasis）的概念。我们可以想象不同物质或物体相互作用产生了三种形式的结合：首先是简单的并置（parathesis），不同的事物组成一个总体，同时各自保留了身体的边界，不共享任何东西，比如一堆种子；其次是融合（sugchysis），指每个组成部分的性质都被破坏，以形成一个新的物体，而新物体的本质和性状都有别于原始的元素，比如香水；最后则是整体混合，即诸多个体相互占据对方的位置，同时保留各自的性质和个体性。[45] 然而我们所说的"世界"既不能被认为是简单的一堆物体，物体之间除表面接触外没有其他关系；也不能被认为是物体的彻底融合，进而形成一个在本质和性状上都与原始组成部分截然不同的超物体（super-objet）[46]。阿弗洛狄西亚的亚历山大（Alexandre d'Aphrodise）在总结克律西波斯（Chrysippe）的学说时写道：

> 有些混合物是通过并置产生的，当两个甚至更多的实体加在一起且相互并列时，就像他［即克律西波斯］说的，'通过边缘的接合'，每个实体在这样的并置过程中都在其轮廓内部

保留了自己的实质和性状，就像蚕豆和麦粒并置在一起那样……有些混合物是通过融合产生的，它们的实质和性质都一起被破坏了，就像他说制作药剂就是对成分进行混合—解体，再让另一种物体从中产生一样；还有些其他混合物，产生于某些实体及其性质之间的相互延展，并在混合物中保留了原本的实质及性状：这种混合物就是严格意义上的混合（mixtion）。[47]

将大气视作混合体的空间，意味着要超越构造和融合的概念。相较于物理上的毗连，同一个世界中的元素之间具有更加深刻的共谋关系和亲密性。而且，这种联结并不等于杂糅（amalgame），也不等于把各种物质、颜色、形式或种类还原到单个统一体内。如果说诸多事物形成了一个世界，那是因为它们混合在一起的同时没有失去自身的同一性。

反之，混合体的统一性也不是机械的："实体之所以统一，是因为有种灵气充盈其中，这让整体被维系在一起，保持稳定，并能与自身产生共感。"混合而不融合意味着分享相同的气息。我们必须注意到活着的身体的统一性：器官并不是简单地并置一处，也不是在物质层面融入彼此。

如果这些器官构成了一具身体，那是因为它们拥有共同的呼吸。宇宙也是如此："在世存在"指的从来不是共享同一个身份，而是同一种灵气。"有一种气息使它趋近自身又远离自身"[48]：这便是世界的动力，世界的内在节奏。呼吸是关于混合的艺术，它让每个物体都与其他物体相混合，将自身沉浸其中。大气层，即气息的圈层，它最远可以成为亲密性和统一性的形式，并非基于实体或形式的同质性，而是基于气息的共享，以及一系列元素的家族相似性，而这些元素的集合也不是各种物体的简单组合。大气层、气候所具有的统一性，不需要被还原为性质和形式的统一性。

赋予事物统一性的东西，同样会赋予事物形式、可见性和稳定性。正是这种家族相似性让我们能够识别出一个集合的真实身份，也正是大气让我们能够看见一个场所超越其容纳之物的整体性。气息不光是运动中的空气：它是电光石火，是揭开面纱，是启示的手段。如果说世界统一在共同的、普遍的气息之下，那是因为气息是希腊人所谓的逻各斯（logos）——即语言或理性——的原始本质。所以是逻各斯创造了普遍混合体，它让万物在延展中与所有其他事物混合在一起，同时不失去自身的同一性。假如气息给世界带来了统一，那便是由于它同样构成了世界可见性与合理性的终极根源：气息是世界真正的逻各斯，是世界的语言和言说，是世界的启示的器官。

世界是气息的质料、形式、空间和实在。植物是所有生命体的呼吸，而世界作为气息存在。反过来，所有气息都证明了"在世存在"从根本上讲是一种沉浸的经验。呼吸意味着延展于一个穿透我们并以同样的方式和强度被我们所穿透的介质之中。如果存在者沉浸在同样沉浸于它的事物当中，那么它就是一种此世的存在。因此，植物是沉浸的范式。

8. 世界的呼吸

它处于我们所有经验的核心。它不是一种实体：它不把事物的本质关在自己里面。它也不是经验完成后姗姗来迟的一阵回声。它是一种有节奏、有规律、不知疲倦的运动，是无声的波浪，涌到地平线尽头，再调转返回我们身边，在我们的身上轻拂，在我们的肺里爆开。

没有它，我们生命里的一切皆无可能。我们所遭遇的一切都必须与它混合，在它的范围内发生。呼吸，它是所有高等生物的首要活动，也是唯一可以说与存在相交融的活动。它是唯一不会使我们感到疲倦的劳动，也是唯一除自身外没有其他意图的运动。我们的生命起始于一次（最初的）呼吸，也终止于一次（最后的）呼吸。活着，就是呼吸，就是在吐纳之间拥抱世间所有的物质。

它不仅仅是人类身体最基础的运动，也是最优先和最简单的生命活动——它是生命活动的范式和先验形式。呼吸是"在世存在"的第一个名字。智性活动是呼出的气息：理念、概念，以及自经院哲学以来被我们称作"意向种相"（espèce intentionnelle）的东西，它们是留存在心灵中的一些世界碎片，等待语言、绘画或行动将其强度复归宇宙。

而视觉是吸入的气息：去迎接光和世界的色彩，去拥有力量——让世界之美刺穿自己的力量；从世界中选取一个部分，但也仅限于一个部分的力量；创造形式的力量；从世界的连续体中截取出一段开启一个新生命的力量。

生命领域的一切都是呼吸的衔接环节：从感知到消化，从思考到享乐，从言说到移动。一切都是呼吸的重复、强化和变奏。正因如此，从医学到神学，从宇宙论到哲学，这些非常不同的知识都将呼吸作为生命的专有名词，并以各自不同的语言和形式（spiritus, pneuma, Geist）予以表达。为了凸显其地位，人们使呼吸成为一种实体，并通过形式、质料和存在（精神）的方面，将它与其他实体区分开来。但呼吸的第一个也是最矛盾的标志就是它的非实体性：它不是一个可以跟其他物体相分离的物体，而是一种振荡，在这振荡中，所有事物向生命敞开并与其他物体相混合，它是一种摆动，可以瞬间激活世界中的物质。

这种振荡同时触达了生物及其周遭世界。在呼吸的那一瞬间内，动物与宇宙重新合为一体，而且这个统一体不是存在或形式意义上的统一。但也正是在这样的运动中，生命和世界成就了它们的分离。我们所说的生命，不过是一个动作，通过这个动作，一部分物质与世界区别开来，而它曾以相同的力量将自己与世界混合起来。呼气，即是创造世界，与世界融为一体，然后在永恒的行动中重新描绘我们的形式。吸气，则是认识世界，穿透世界，并被世界及其精神所穿透——穿过世界，并以同样的冲力，在一瞬间成为某种场域，在其中，世界得以变成个体经验。这样的操作从来不是终局性的：世界同生物一样，只是呼吸及其可能性的回返。此即精气（Esprit）。

呼吸并不局限于生物活动，它还定义了世界的一致性。它所勾勒出的空间与我们所能体验到的世界边缘相重合。我们呼吸的气息到了哪里，我们就能抵达哪里。反之，一个没有呼吸的世界只是一堆混乱的处在分解中的物体。如果说是呼吸让我们置身于世界之中，那我们也正是通过呼吸和在呼吸中才能认识和塑造世界。我们应该向呼吸提问何为世界的本质：正是在呼吸中，世界向我们显露自己，并为我们而存在。

从呼吸的无限形式出发，宇宙中无数的存在者、最迥异和最不可类比的事物、最遥远的时刻和空间、最不相容的现实都获得了它们的统一性。它们融汇成一个世界。作为所有不同事物的高级统一体，作为存在者和不存在者的至高且无法超越的统一体，世界只存在于呼吸中，也只能作为呼吸而存在。

呼吸的形而上学空间先于所有对立而存在：呼吸先于

灵魂与肉体、心灵与对象、观念性与实在性之间的任何区分。仅仅宣称感觉的真实性及其相对于存在的优先性是不够的。感觉和存在永远作为呼吸也在呼吸中保持鲜活：它们都只是呼吸的特定振荡。世界是呼吸，而存在于世界中的一切也都作为呼吸而存在。世界的存在不是一个逻辑范畴的事实，而是一个灵气学的（pneumatologique）问题。唯有呼吸才能触碰和感受到世界，并赋予世界以存在。我们只能呼吸这个世界。

*

并非只有古代人将呼吸作为世界的先验统一体的原则，并以呼吸来佐证世界是这样一个有生命的实在。艾萨克·牛顿在一个未发表的片段中写道："这个地球就像一个巨大的动物，或者更像是一株静默的植物，它吸入天上的气息来唤醒自己和发酵生命，然后吐出大量气体。"[1]

然而直到最近围绕盖娅（Gaïa）假说的各种争论出现，人们才意识到大气才是世界的生命统一体，而这也证明了这个星球是由生命决定的。洛夫洛克和马古利斯 1974 年在期刊《伊卡洛斯》（*Icarus*）上发表的文章是对这种观点的最早表述之一，文章宣称，大气层的存在本身就证明了一种"行星尺度上的稳态（homostasc）"[2]，证明了"生命决定了行星表面的能量流和质量流"[3]。大气是激活整个地球的生命气息。

类似的观点由来已久。拉马克无疑最先将大气和气候空间定义为物质与生命、世界与主体之间动态联系的场所。他将研究这种阈限空间的学科称为"水文地质学"（hydrogéologie），他在一篇相关论文中开宗明义地提出了一个问题："一般而言，生命体对构成地壳的矿物质产生了怎样的影响？"[4]地壳最表层的物质和悬浮于地球之上的所有气态与液态物质之所以有可能被视为一种庞大的循环流体，是因为我们发现："构成地球地壳的各种复合矿物质，以独立的岩块、矿脉、平行的矿层等样态出现，形成了平原、山坡、山谷和山脉的这些矿物质，它们完全是生活在地表相同区域的动物和植物的产物。"[5]拉马克认为，这种统一性来源于聚合状态，所有地表物质的形式都以生物的有机功能作为其存在的直接或间接原因。拉马克在他的论文集中写道：

> 我们在地球上观察到的所有化合物，都直接或间接地，产生于具有生命的存在者的有机功能。事实上，这些存在者形成了所有的物质

材料，也有能力合成其自身的实体，而为了合成这种实体，它们中的一部分（植物）能够形成初级化合物，并将其同化为自身的实体。[6]

这已经不单单是影响化学成分的问题了。生物的存在非但决定了物质的聚合，还决定了它的地位。世界只在有生物的地方才存在，生命的存在也相应地转变了空间的本质。

这关乎一种运动，它与拉马克在《动物哲学》（*Philosophie zoologique*）一书中所描述的正相反：不再是生物需要去主动适应周遭环境，亦即新希波克拉底医学所说的环绕物质（circumfusa）[7]，而是让整个环境去成为大群生物的回声、光环、光晕，成为它们的大气。

反过来讲也是对的：如果我们与周遭事物的联系发生在大气这个层面，那同样是因为大气在源源不断地孕育生命。这是杜马（Dumas）和布森戈（Boussingault）在《化学静力学》（*Essai de statique chimique*）中得出的结论，此书于1844年出版，是最早分析生物与环境之间化学关系的著作。作者首先指出，植物是"在各个方面都以与动物相反的方式"来运行的："如果说动物界是一个巨大的氧化装置，那么植物界则是一个巨大的还原装置。"二者的完美结合并不是某种预先设定的和谐所带来的附加作用，也不是神的统治体现在了自然经济当中，而是因为动植物的生命完全依赖于大气：

> 一些生物归还给空气的东西，被另一些生物所获取，如果从最高的视角来看待这些事实，并联系到地球的物理学，我们不得不说植物和动物，就其真正的有机元素而言，全都来源于空气，它们不是别的，就是压缩的、凝聚的空气。……因此，植物和动物从空气中来，又回到空气中去，它们确确实实依赖着空气。而植物不停地从空气中获取动物向空气中释放出的东西。[8]

我们并不栖居于大地之上，而是经由大气栖居于空气中。我们沉浸于空气，正如鱼儿沉浸于大海。而我们所说的呼吸，无非是对大气的耕耘。

如果把从生物到环境和从环境到生物的两种运动结合起来，就意味着要将大气视作生命、物质和能量流通的系统或空间。这便是俄罗斯自然学家弗拉基米尔·维尔纳茨基（Vladimir Vernadski）所采取的激进路线。他认为"大气层不是一个独立于生命的区域"[9]，而是生命的一种表现形式。事实上，绿色植物为生命创造了大气这个新的透明媒介[10]："生命创造了地壳中的游离氧，还创造了臭氧，以此保护生物圈免受来自天体的有害短波辐射。"[11]而在另一边，生命也在大气的基础上建构起自身："生命物质利用大气中的气体，如氧气、二氧化碳、水，以及氮硫化合物来构建有机体，并将这些气体转化为可燃的液体和固体，从而收集来自太阳的宇宙能量。"[12]维尔纳茨基将生物圈称作"地球的外壳"，认为它不仅是一个物质区域，更是"外在宇宙力量改造地球的地方。这些宇宙力量塑造了地球的面貌，生物圈的历史也因此有别于地球的其他部分"。[13]

该区域的主要资源是维尔纳茨基所说的生命物质，也就是所有负责创造新化合物[14]的有机体和生命体，它们能够"持续且强有力地打破地球表面的化学惰性"。

（正是生命物质）创造了大自然的颜色和
形式，创造了动物和植物的联合，就像文明人
类的创造性工作一样，它们以这种方式成为地
表化学演变过程的一部分。在地壳之上，任何
实质性化学平衡都受到生命显著的影响，任何

化学反应都显示了生命在其中的作用。因此，**生命不是地壳上的外部现象或偶然现象**。生命与地壳的结构紧密相关，它是地壳机制的组成部分，并对这一机制的存在发挥着至关重要的作用。如果没有生命，地表的机制就不复存在。[15]

植物在这些生命物质当中扮演着主要角色："所有生命物质都可以被看作生物圈机制中的单个实体，但只有部分生命，只有绿叶植物，即叶绿素载体直接利用了太阳辐射。整个生物世界都与这部分绿色生命保持着牢不可破的直接联系。

*

大气并不是被添加到世界之上的东西，它就是世界本身，作为一种混合的实在，它内在于每一次呼吸中。如果说自然科学难以将沉浸和混合当作宇宙真正的本质，那么人文科学则一方面执着于把这种本质（比如气候）理解为纯粹的自然事实，因而将其排除在自己的领域之外，另一方面又把它理解为纯粹的人文现实或纯粹的美学事实，如此又使得它们与非人类世界的一切都毫无瓜葛了。所以自希波克拉底的名著《空气、水和环境》（*Airs, eaux, lieux*）[16] 开始，一个从亚里士多德到孟德斯鸠[17]，从维特鲁威（Vetruvius）到赫尔德[18] 的庞大传统发展了起来，并一直延伸到拉采尔（Ratzel）的政治地理学与和辻哲郎的形而上地理学[19]。在如此繁杂多样的路径、学说和历史语境中，该传统集中体现为两个观点。首先，就像杜博神父（Jean-Baptiste Dubos）所说，我们要认识到"人体这台机器，对空气质量及其种种变化的依赖程度，以及简言之，对所有可能阻碍或促进所谓自然运行的变化的依赖程度，几乎不亚于水果对于这些因素的依赖"[20]。在这里，气候与非人类是同义的。人类领域（文化、历史、精神生活）并不是独立自主的，而是以非人类为基础的；那些明显非精神性的元素（空气、水、阳光、风）无法孕育出心灵，但却可以影响人，影响其行为、态度和观念。气候孕育并支撑着人类的多样性，这种多样性不仅体现在人们的外貌上，更体现在人们的习俗中。正如埃德姆·居约（Edme Guyot）写道："土地的性质，其出产作物的品质，以及气候间的差异，共同造就了缤纷的色彩，造就了全体人类形象和气质的多样性。"[21] 非人类是生命形式如此繁多的原因，这不仅在空间上是成立的，在时间和历史上也同样成立。

赫尔德把历史视作某种"人类智性与感性能力的气候学"（康德或许会这么说），而齐美尔（Simmel）的社会学则将赫尔德的研究进路推向了极致，齐美尔认为气氛（atmosphère）的概念应被理解为社会感知的绝对媒介：感知"某个人的气氛，就是对他最亲密的感知"。[22]气氛/大气是一切社交行为的原始动力，这种观点将会取得巨大的成功。例如在彼得·斯洛特戴克（Peter Sloterdijk）的构想中，气氛/大气既是人类共存的原生产物，也是所有文化生活的范式。"对公共空间的空气进行象征层面的调节，这是所有社会的原生产物。人类当然会创造自己的气氛，但并非基于自由选择，而是依靠已经存在的、给定的境遇。"[23]斯洛特戴克将这个共同的环境命名为"球体"（sphère），一种拥有绝对内在性的几何图形。

从定义上讲，球体也是形态学—免疫学建构。只有身处构成了内部空间的免疫结构里，人类才能进行代际传递和发展自己的个性。人类从未与所谓"自然"产生直接的联系，他们的文化当然也从未涉足所谓原始事实的领地：他们始终在且仅在一个有空气的、被分隔好的、被撕开的、可修复的空间中生存。[24]

人类"只有在自生性（autogène）大气的温室中才能茁壮成长"。所以生活在社会中就意味着参与构建这些大气，而从另一端来讲，大气永远是一个文化事实。除此之外，大气还体现了一种自然状态的不可能性：在斯洛特戴克看来，调节空气意味着进入自然世界的通道就此被阻断。然而植物的存在表明，调节空气、设计空气（air-designing）是生物最简单的生存行为，是它们最基本的天性。

　　文化还原论属于这样一个悠久的传统，它把气氛／大气当作"一种新美学的基本概念"。在文化还原论看来，气氛是"感知者与被感知者共享的现实。作为被感知者的现实，气氛是被感知者的存在领域；作为感知者的现实，感知者在对气氛的觉察中将身体呈现为特定的样子"。[25]这种解释可以追溯到莱昂·都德（Léon Daudet），他把气氛阐述为"对皮肤的认知，它与对精神的认知一样间接，它运用上皮细胞的方式就像精神认知运用词根一样"[26]。这种综合性认知的能力：

　　　　涵盖了空间和时间，它同时从宇宙和我们自身中流溢而出；它在我们体内，在意识之中，在个人和民族之中，就像普遍性囊括了一切，就像给出明确规定后产生的关联，这种联系既非定量也非定性，而是二者兼有。在生命中，这种联系有属于自己的生命，隐蔽但却可以被揭示，就像深藏于静默自然中的镭与波的生命。[27]

这种流溢"既是道德上的，也是有机的，既与存在者整体的道德面向有关，也与其有机层面的上皮组织和内皮组织有关"[28]，它的基础是宇宙的协调。"整个皮肤表层使我们成为宇宙平衡的参与者，从外到内（adaequatio rei et sensus）地协调一致。"[29]

以上观点从心理学和认识论角度对大气进行了还原，但它们似乎忘了大气从根本上说是一个本体论事实，它关乎事物存在的状态和模式，而不是事物被感知的方式。如果每个认知行为本身，作为一种主客体混合的行为，都是一个关于大气的事实，那么大气领域的向外延展就远远超出了任何一种认知行为。

9. 万物寓于万物之中

如果说活着就是呼吸，那是因为我们与世界的关系并不体现为"被抛的存在"（être-jeté）或"在世存在"，也不是主体面对客体时，主体对客体的掌控；不，"在世存在"意味着经历一种先验的沉浸。呼吸只是沉浸的原初动力，而沉浸将自身定义为双向的内在性或混杂性。我们置身于某物之中，某物也以同样的强度和力量置身于我们之中。这种双向的内在性使呼吸变成了一种无可回避的境况：因为我们保持呼吸，我们便绝无可能从我们所沉浸的环境中解脱出来，也不可能净化我们所存在的这个环境。

吸气是让世界来到我们体内，让世界在我们之中；而呼气是将我们自己投射到我们所在的世界之中。"在世存在"并不是简单地置身于一个终极视域当中——这个视域容纳了我们能够或将要感觉、经历和梦想到的一切。只要我们开始生活、思考、感知、做梦和呼吸，世界就会带着无限的细节出现在我们体内，从物质和精神上渗透进我们的身躯和灵魂，并为我们所是的一切赋予形式、稳定性和实在性。世界不是一个场所，而是万物之间互相沉浸的状态，是瞬间反转内在拓扑关系的混合体。

阿那克萨哥拉①是最早给混合体下严格定义的人，他将其定义为世界本身的形式：万物寓于万物之中（pan en panti）。沉浸不是一个身体在另一个身体中的临时状态，也不是两个身体之间的关系。为使沉浸有可能发生，万物必须存在于万物之中。一方面，正如我们已经提到的，沉浸于某物，就是去体验存在于某个已然存在于我们内部的事物当中。另一方面，根据阿那克萨哥拉的观点，这种绝对的、双向的混合似乎使万物成了其余万物之所在，但这种混合并不局限于空间和时间条件，它是世界和所有"在世存在"的形式。如果世界存在，那么特殊与普遍、单一与整体之间就应该相互渗透，乃至完全渗透彼此：世界是普遍混合的空间，在这个空间里，每个事物都包含另一个事物，每个事物也都是所有其他事物的内容。换言之，内在性（即存在于某事物的内部，"inesse"）是将任何事物与所有其他事物联结起来的关系，它定义了世间事物的存在。[1]

万物寓于万物之中，因此沉浸就是世界的永恒形式和可能性条件：这种说法首先需要确认所有物理事件都以沉

---

① 阿那克萨哥拉（Anaxagore，约公元前500年—前428年），伊奥尼亚人，古希腊哲学家、科学家，他首先把哲学带到雅典，影响了苏格拉底的思想。

浸为起始状态和发生过程。因此，照在纸上的、让我看见我在上面写字的灯光，就是我沐浴其中的海洋。反过来，这束光也存在于联通灯具的开关和线路之中，甚至在萌芽阶段，它就已经存在于我付诸行动的手中了。而我这只操作开关的手，也被包含在此刻照亮了它的灯光之中。万物寓于万物之中。这种混合使世界和空间成为形式的普遍可转移性、可转译性的现实。不过我们所说的转移，只是万物寓于其他万物这种双向内在性的一阵回声：世界是一场永续的传染病。

万物寓于万物之中，是因为在这个世界上，万物必须能够流通，能够被转移和转译。我们通常以为不可渗透性是空间的典范性形式，但这只是一种错觉：在转移和交叉渗透遇到阻碍的地方会产生一个新的平面，在这个平面上，不同物体在双向渗透的过程中互换彼此的内在属性。世间万物创造出混合体，又由混合体创造出来。万物来自，又去往四面八方：因为世界是开放的，给予物体绝对自由的流通，但这种流通不是物体与物体并排运动，而是穿透彼此的身体。生活、体验或"在世存在"，同样意味着允许任何事物穿过自己。离开自身，就等于进入其他事物，进入后者的形式和光晕之中。回返自身，则意味着要准备好遇见各种形式、物体、形象，正如奥古斯丁在回忆录中也惊讶地发现了混合体的制造者以及这种整体的相互渗透的绝佳证据。[2]

科学和哲学致力于定义、分类事物和生物的本质、形式和活动，但却对它们的世间性（mondanité）视而不见，也就是说，对它们能够进入其他事物并被其他事物所穿透的本质视而不见。

以上同样适用于物质：物质不是分隔和区分事物的东西，而是让它们得以相互遇见和混合的东西。物质不能被简单还原为世界上某种形式的内在空间。相反，通过物质，万物寓于万物之中，任何事物都无法与其他事物的命运相分离，万物皆可被世界穿透，因此也可以穿透世界。

万物寓于万物之中的内在状态处于持续的反转变化中，世界是这种反转变化的现实意味着空间一词不再具有宽泛的外部性（extériorité）含义，而是指向了普遍的内部性（intériorité）：即在自我内部拥有了包含着我们的一切。广延，或身体性（corporéité）并不是一种存在者外在于其他所有事物（partes extra partes）的空间，拥有一种与保存自我的愿望（conatus sese conservandi）相一致的强度；相反，空间是一种经验，一种万物暴露自己来让其他所有事物穿透自己，并努力去穿透世界的所有形式、质地、色彩、气味的经验。因此，空间与广延是让所有事物得以在气息中呼吸、延展、混合的力量：呼吸就是让我们自己被世界渗透，以便使世界成为同样被我们的气息所构成的某种事物。万物呼吸，万物也都是气息，因为万物都在互相渗透。

我们必须设想一种新的几何学，因为宇宙的形状不再是一个球体或一个平面。作为自然的宇宙并不是将所有存在者包含在内部的一圈天际线（球体），也不是所有事物的整体（ta panta），或一种超越其组成元素的整体（太一或上帝）。然而，如果只是否认它的超验性，从而使其成为以德国观念论为顶点的那类传统所想象的原始力量、基础或根基（ground，Grund），这也是不够的。就像把这个基础视为无根基者（Ungrund）也是不够的。[3] 认同万物寓于万物之中并不意味着简单地想象万物存在于单一的基质（substrat）里面。宇宙，亦即自然，不是事物的基础，而是事物的混合体，事物的呼吸，以及促使它们相互渗透的运动。换言之，"内在"的概念并不足以支撑我们思考世界的存在，也不足以像泛神论那样通过上帝与世界的重合，通过想象万物内在于上帝之中（以及通过只经由上帝来思考它们的重合），来激进化世界的存在。真正的内在是指一切事物存在于所有其他事物之中：万物寓于万物之中意味着万物内在于万物。内在性不再是单个事物与世界之间的关系，而是把事物和事物联结在一起的关系。正是这种关系构成了世界。

于是，整体性就规定了一种绝对且彻底的内部关系，它使容器与内容之间的区别变得失效。因为如果万物存在于万物之中，那么除了事物包含着其他事物外，事物也就必定会置身于任何其他事物中，甚至还会置身于自己所包含的事物中。被包含于某物的事实与包含着此物的事实共同存在。容器也是它所包含的内容。这种同一性不是逻辑上的，而是拓扑的、动态的。任何物体都是其他任何物体的场所，反过来讲，成为一个场所，就等于在其他事物中找到自己的世界。在某种程度上，每个事物都是一个世界，在这里，世界不再是只出现在时间和空间尽头的，触不可及的终极视域；世界与其中所有的物体都保持着强度上的同一性。"在世存在"指的不再是发现自己身处一个无边无际的、包含所有其他事物的空间内，而是在体验身处某个场所的同时，必然会发现这个场所也处于自身之中，而自我因此成为我们场所的场所。世界就是这样一种力量，它能将所有内在关系翻转成反面，能把所有组成部分转变为场所，也把所有场所转变为同一个化合物中的元素。

因此，混合体的宇宙论建立在有别于传统的另一种本体论之上。所有行动都是相互作用的，更准确地说，都是交叉渗透并相互影响的。物理学——关于自然的科学——

因而必须被完全重写。如果世界存在于所有存在者之中，这就表明每个存在者都有能力彻底改造世界。普遍的混合体现着这样一个事实，即世界总是不断受到其组成部分带来的改造。我们不必等到人类世（anthropocène）来临才去面对这个悖论，在数百万年前，植物就已经改造了这个世界——它们为动物生命的可能性创造了条件。"植物世"（phytocène）[4]最强有力地证明了世界是混合体，而且对世间每个存在者而言，其在世界中存在的强度都等同于世界存在于它之中的强度。在普遍的混合中，结果总是能够改变总是寓于结果之中的原因。从这个意义上说，沉浸是对整体先于个体、"前者"先于"后者"这种单向进程的摧毁。混合体中的因果律始终是双向的；混合始终是一种倒逆修辞法[①]。人们以为做出反馈（rétroaction）是生命的一种属性，然而它只是一种特定节奏的气息，是混合体的呼吸。也正因如此，我们才要摈弃环境和周遭世界的概念：生物是世界的环境，就像世界上其他事物都是生物个体的环境一样。影响总是双向发生的。反馈是沉浸的一个结果，

---

① 倒逆修辞法（hysteron proteron）指故意颠倒事件发生的自然顺序，比如先说后发生的事情，后说先发生的事情，通常是为了强调虽然发生时间较晚但被认为更重要的事件。

而沉浸是一个宇宙事实·它构成了宇宙的形式和可能性条件，而不是某些人类行动的结果。人类世的概念让决定世界存在的东西转变为一种单独的、历史性的、消极的行动：它让自然变成了一个文化上的例外[5]，让人类变成了一个自然之外的因素。人类世的概念尤其忽略了世界始终是关于生物呼吸的实在。

由此来讲，宇宙论就是灵气学，更准确地说，是灵气学的高级形式。认识世界，就是呼吸世界，毕竟每一缕气息都是世界的产物：看似分离的事物，其实汇聚成了动态的统一体。呼吸就是品尝世界。对于每个生物和物体来说，世界是经过呼吸且得益于呼吸才产生的。世界具有气息的味道。如果说每一个心灵都在创造世界，那是因为每一次呼吸都不只是我们体内动物性的单纯求生，而是世界的形式和一致性，我们则是世界的脉搏。

灵气学和宇宙论之间的这种契合并非出于某种隐喻或个人意愿。考察世界，考察它的形式、边界，考察它与呼吸的一致性（呼吸让我们认识并依附于世界），这些都可能使我们发现经典宇宙论永远无法获得的新证据。在呼吸的内在性中，世界被揭示为某种既接近我们的想象又与我们的想象大相径庭的事物。这便是植物让我们去凝视的那张新面孔。

III

根的理论
星辰的生命

10. 根

> 从斯奈弗·姚可的陷口下去，七月以前斯加丹利斯的影子会落在这个陷口上，勇敢的勘探者，你可以由此抵达地心。我已经到过了。阿恩·萨克奴姗。[①]
>
> ——儒勒·凡尔纳

对于陆地舞台上绝大多数争奇斗艳的动物有机体来说，它们是隐蔽的、不可见的。它们深藏于封闭、神秘的世界，终其一生都对天空与大地之间汹涌激荡的各种形式与事件全然无知。根是植物世界中最玄妙莫测的形式。它们的身体往往无限庞大，比它们在空中的孪生兄弟——植物在阳光下展现的身躯——要复杂得多：一株黑麦植物的根系总面积可以达到 400 平方米，也就是说，它的地下面积是地上面积的 130 倍[1]。

在植物生命的历史中，它们出现得相对较晚：曾经

---

① 此段中译参考了《地心游记》，杨宪益、闻时清译，中国青年出版社，1979 年，第 27 页。

的数百万年里，无论生活在海洋还是陆地，植物似乎都不需要它们。[2] 先拥有生命，再长出根系（Primum vegetari deinde radicare）：植物生命似乎不需要依赖根来获得自身的定义或存在，至少不需要依赖根来生存。它们的起源模糊不清，它们的形式也不容易被提炼出来。有关植物根系的化石记录，最早可以追溯到 3.9 亿年前。就像所有注定要延续千年的生命形式一样，它们的起源与其说是自觉有序的演化，倒不如说是某种零散的意外创造：根的最初形式来源于植物躯干及无叶的水平根茎的功能转变。[3]

它们的形态和生理结构千变万化：它们的功能随时间推移发生改变，无法被单一地归类。它们有时候——比如菌根——还被让渡给其他有机体，从而使植株与其他有机体建立起共生关系。

它们似乎与生物多样性无关，然而多亏了它们，植物才能够觉察到周围正在发生的一切。柏拉图很早就把我们的脑袋，亦即理性，比作"根"：人是"天空的植物而非土地的植物"，其根系生长在高处，是某种倒置的植物。[4] 不过后来更经典的版本是亚里士多德在《论灵魂》中给出的："对于整个宇宙而言的上和下并非同样地对所有事物都成立：如果我们根据功能来区分和确定器官，那么植物的根便相当于动物的头。"[5]对此阿威罗伊[①]阐释道:"二者的作用是一致的。"[6]头与根的类比为人与植物的类比奠定了基础,后一种类比在中世纪的哲学和神学传统中十分盛行,而后一直延续到现代(弗朗西斯·培根也在使用它)。孔什的纪尧姆[②]也在哲学论文里详细论述了人和植物的相似,他解释说:"树木把根,也就是它们的头,向下深埋进泥土,从中汲取养分。人则把头,也就是他们的根,暴露在空气中,因为他们是靠精神活着的。"[7]林奈[8]则颠覆了这种类比的方向,他把植物称为倒置的动物。不过,"根之于植物,即头之于动物"(quemadmodum caput est animalibus ita radices plantis)这句谚语似乎从未失去效力。而且,达尔文在其著作中提出了这样一个有关植物运动机能的结论:

> 毫不夸张地说,根的尖部……具有指挥邻

---

① 阿威罗伊(Averroès)是阿拉伯哲学家、教法学家、医学家伊本·路世德(Ibn Rushd,1126年—1198年)的拉丁名。他是中世纪阿拉伯-伊斯兰哲学的集大成者,对西方世界的影响极大,被誉为"最权威的亚里士多德诠释家"。
② 孔什的纪尧姆(Guillaume de Conches,约1080年—约1154年),中世纪的法国语法学家、哲学家和教师,活跃于12世纪的人文主义和自然哲学领域。

近部位的能力，其作用就像低等动物的大脑；而大脑位于动物躯体的前部，接收来自感觉器官的印象，并且指挥各项运动。[9]

除此之外，弗朗齐歇克·巴卢斯卡（František Baluš-ka）、斯特凡诺·曼库索（Stefano Mancuso）和安东尼·特里瓦弗斯[10]也对这种直觉进行了延伸，通过研究植物智能的概念，他们试图证明植物的根完全对应于动物的大脑，因为二者具有相同的能力。事实上，正是通过根系，植物获得了关于自身状况和所处环境的绝大部分信息；也正是通过根系，植物与其他相邻个体接触，共同应对地下生活的风险和困难。[11]根使土壤和地下世界成为精神交流的空间。多亏了它们，地球最坚固的部分被转变为行星的巨型大脑[12]，其中不仅有物质在流通，还有周遭环境中有机体的身份信息和状态信息。好比在我们的想象中，地球深处陷入了永恒的黑夜，但那绝不是一场漫长而沉闷的睡眠。在广袤无垠、万籁俱寂的地底，黑夜是一种无器官的感知，是没有眼睛和耳朵的感知，是贯穿整个身体的感知。得益于植物的根系，智能以矿物的形式存在于没有阳光和运动的世界里。

*

就像在文学和艺术中那样，"根"在日常话语里往往象征和譬喻一切最基本、最原始、最顽固、最坚实、最必不可少的东西。它们是卓越的植物器官。然而，在生命的历史中，在生命所创造和采用的所有形式中，根可以说是最为模糊的形式了。对于有机体的个体生存而言，它们并不比其他部位更为必需；从严格的进化角度看，它们也不是植物最原初的产物——就像光合作用的功能那样。它们带来的真正优势是联网（networking），而不是隔离与区分。但如果把它们当作次要的装饰性附属物，那就太天真了。根虽与我们以往的认知不同，但它们确实表达和体现了植物性存在最显著的特征之一：模糊性、异质性，它们的两栖双生特性。

我们首先需要讨论的是一种生态异质性。由于根的关系，维管植物是唯一可以同时栖息于两种环境的生物有机体，即便这两种环境在肌理、结构、组织以及栖息其中的生命性质方面都有天壤之别：比如土壤与空气、陆地与天空。植物不满足于轻轻掠过这些环境，它们还要以同样的韧劲深入每个环境，并且以同样的能力将身体想象和塑造成最出乎意料的形态。作为宇宙的媒介，植物在本体论上是两栖的存在[13]，它们把环境和空间联结在一起，表明了生物与环境之间的关系不能用排他性术语（例如生态位理论的术语或尤克斯库尔的术语）来理解，并且二者的关系始终是包容性的。生命永远是宇宙性的，而不是一个生态位的事实；它从不囿于单个环境，而是能够辐射到所有的环境；它将诸多环境变成一个世界，一个宇宙，其统一性则来自大气。

　　一种动态的、结构上的双重性伴随着这种生态双重性，犹如分身一般。尽管同宇宙中的万事万物一样，两种环境处于双向交流和互相渗透中，但二者不只是并置一处，而是以镜像反转的方式构成在一起。这就好像植物同时在过着两种生活：一种是空中的生活，沐浴和浸润在阳光下，由可见的事物组成，与其他各种动植物进行着激烈的种间交互；另一种是地底幽冥的生活，一种矿物的、潜在的、本体论上夜间的生活，被镌刻进地球岩石的皮肉中，与寓居地球的所有生命形式协同共生。这两种生活并不交替进行，也不互相排斥；它们是同一个体的存在，此个体成功地在其身体和经验中结合了大地与天空、岩石与光、水与太阳，使其自身变成了世界整体的形象。在植物的身体里，万物已然寓于万物之中：天空在大地之中，大地被推向天空，空气成为身体和广延，而广延无非是一个大气实验室。

植物在生态上和结构上都是双重的存在：但首先它们的身体是在解剖学上实现双生的。根就像是植物的第二个身体，隐秘、玄奥、潜在的身体；它是一种反身体（anti-corps），一种解剖学意义上的反物质，它以镜像的方式，一点一点地，反转了另一个身体的所作所为，并且推动植物朝着与它在地面的努力截然相反的方向发展。想象一下，你身体做出的每一个动作都拥有另一个反向的动作；再想象你的手臂、嘴巴和眼睛都在某种物质中拥有相反的对应物，而这种物质则与你所在世界的肌理呈完美的镜像关系：如此，你便至少模糊地理解了拥有根到底意味着什么。这就是尤利乌斯·萨克斯所说的植物身体的各向异性（anisotropie），换言之，即植物肢体末梢的反同向性。[14] 好比植物的身体被一分为二，每个部分都是根据与另一方彻底相反的力量和肌理来构造的。根是一个解构陆地表面形态与几何结构的精密仪器，它的解构工作起始于一种似乎充分决定了我们和其他可移动生物生活的力量，那就是重力。[15]

*

19 世纪的奥古斯丁·彼拉姆斯·德堪多[①] 曾写道:

> 我们会给出一个更准确的对这个器官的
> 理解,根作为植物的一部分,从诞生之初起,
> 它就倾向于利用或多或少的能量让自己向地球
> 中心下降。一些博物学家将根笼统地命名为
> "Descensus",就是在暗指根的这种主导特征。[16]

它们体现着下降的本质:朝向底部的通道,生命的
地质性深潜。它们的存在是永恒的地心之旅,融入地心的
尝试,它们就像是奥托·李登布洛克或者说非人类的阿
恩·萨克奴姗[②]。托马斯·安德鲁·奈特(Thomas Andrew

---

① 奥古斯丁·彼拉姆斯·德堪多(Augustin Pyramus de Candolle,1778 年—
1841 年),瑞士植物学家,在植物分类学上做出了巨大贡献。他首先提出了"自
然战争"的概念,并影响了达尔文的自然选择理论。
② 奥托·李登布洛克(Otto Lidenbrock)和阿恩·萨克奴姗(Arne Saknussemm)
都是儒勒·凡尔纳小说《地心游记》中的人物,前者是一个性情古怪的德国教授,
他偶然得到一张羊皮纸,从中发现阿恩·萨克奴姗曾到地心旅行。于是李登布洛克
决定做同样的旅行。

Knight）在 19 世纪初就已经指出："即使是最粗心的观察者也不难发现，无论种子被放在什么位置，为了生根发芽，它都会努力向地球中心下降，而细长的胚芽则会采取正好相反的方向。"[17] 查尔斯·达尔文和他的儿子弗朗西斯发展了尤利乌斯·萨克斯的研究[18]，他们将这种力量的起源定位在根的末梢：

> 感受重力的功能就位于末梢处；……同一株植物的不同部位，以及不同种类的植物，它们受重力影响的方式和程度大不相同。有些植物和器官几乎没有受重力作用的痕迹。……至于许多（甚至可能是所有的）幼苗的胚根，它们都通过末梢来感受重力，末梢将接收到的影响传递到上方的邻近部位，导致根向地球中心弯曲。[19]

如果我们把这种对于大地的爱恋仅仅看成重力的简单作用，那就错了：根不只是像地球表面的所有物体那样，被动地感受和承受地心引力。诚然，重力是"在作用于植物的所有环境力当中最恒定、持久的一种"[20]，但植物对重力的反应却与其他动物身体所给出的有所不同。根的向下并非简单出于重量的影响，而是来自一种别样的吸引力，一种指向星球中心的生长力。达尔文注意到：

> 向地性（géotropisme）……决定了胚根向下弯曲的程度，然而这种力量并不强大，也不足以使根穿透土壤。实现这种穿透的真正原因是，由于根的纵向扩展或被横向扩展促进的末梢硬直部分的生长，（受根冠保护的）尖端被向下挤压，而这两种力量累积产生的作用就相当显著了。[21]

这就好像根部双倍强化了推动它向下发展的微弱重力。仿佛整株植物正在运用一切手段克服下降的阻力——其强度与茎干上升的力量旗鼓相当。

在根的身上，我们很容易看到尼采"命运之爱"（amor fati）计划的最完美呈现："我恳求你们，我的兄弟们，忠于大地吧，不要相信那些跟你们阔谈超脱尘世的希望的人！"[22] 根不仅仅为植物上部躯干提供了基底，它还同时反转了驱动植物向上和向光发展的推力：根体现了"对大地的感觉"，那是所有植物存在者与生俱来的对土壤的爱。在伪亚里士多德的《论植物》中，植物与大地的联系就已经成为植物本质的基本要素之一了："植物生活在地上，与之紧密相连"；这就是"它不需要睡觉"的原因[23]。但这种说法仅为真相的一部分，而且它还没有认识到根带给每株植物的东西：它的异质性和两栖性。根只是植物双生身体的其中一半，植物与大地的关系只是每个植物有机体都拥有的两种生活的其中一种。唯有结合另一半，我们才能理解它：向地性只是生命冲动的方向之一，然而这种冲动除忠于大地外别无其他目的。它是日心说造成的影响和结果，因为日心说同样定义了植物生命的本质。如果说植物有必要深入地球的矿物身体之内，那也是为了更好地将自己与地底的火焰联系起来，这团火正循序渐进地决定着地球的形态与运动。

11. 深处，即是星辰

我们很难想象它们身处的环境。那里几乎没有光亮。上层世界的声响和噪声变成了一种持续的、沉闷的震颤。几乎所有发生在地面上的事情都存在于地下，并且被转译为震动和颤抖。水渗透进来，同所有来自上层世界的液体一样，也同所有地下的事物一样，水努力地向中心下降。万物与万物保持联系，物质和汁液缓慢流通，这使得生命都能在超越身体界限的状态下活着。地底万物也都在呼吸，只不过方式与地表世界有所不同。它们身体吐纳的气息，无须经过肺部，也无须经过其他器官：每个身体都由其呼吸所决定，每个身体都是向其内、外部的物质循环敞开自身的端口。有机体的存在无非是创造了一种新的方法，让自己与世界相混合，并让世界与其内部事物互相混合。在地下呼吸，意味着让自己拥有一副长满触须的身体，能够在岩石阻挡的地方开辟道路，能够增加自己的臂膀和附肢，从而尽可能地拥抱大地，让自己暴露在大地之中，就像树叶暴露在天空之下。

但如果说根是积极参与宇宙混合的器官，那不完全是因为它们联通了土壤生物圈（其所寓居的地下世界）的不同元素，也不是因为它们联通了其他植物有机体，而恰恰是因为它们的功能遵循着宇宙的秩序：它们的呼吸不仅囊括了它们所附着其上的胶状物质以及生活在其中的动物种群，它们的呼吸还蕴含着地球与太阳之间的联系。20 世纪最伟大的植物学家之一如是写道：

> 植物在太阳和动物世界之间扮演着媒介的角色。植物，或者说它最典型的器官叶绿体，是将整个有机世界——所有我们称之为生命的东西——的活动与太阳系的能量中心联系在一起的纽带：这就是植物的宇宙功能。[1]

根使植物可以在行星维度上把地球带入宇宙的这种媒介关系中。虽然从物理角度来说，地球确实围绕着太阳旋转，但是在植物体内并且经由植物，这种联系创造了生命，创造了总是以崭新形式存在的物质。植物是地球绕太阳公转的形而上学变形，是将纯粹机械的现象转化为形而上学事件的一个步骤。不仅如此，植物让太阳得以栖息在地球上：它们转化了太阳的气息，例如太阳的能量、光芒、辐射，使它们成为栖息在这个星球上的诸多身体，植物也使所有陆地有机体的鲜活肉身变成了一种太阳物质。得益于植物的存在，太阳变成了地球的皮肤，最表面的一层皮肤，地球则变成了一颗以太阳为食的星体，用太阳的光芒来建构自己。植物使阳光变形为有机实体，进而使生命成为一个在根本上与太阳有关的事实。尤利乌斯·迈尔在19世纪中叶写道：

> 大自然为自己设定的任务是捕捉充斥在地球上的光线，并在光线凝结为固体形式后保留这种最具流动性的力量。为了实现这个目标，大自然在陆地表面铺设了众多有机体，它们将阳光吸收到体内，然后利用这种力量不断形成化学上的差异性。这些有机体就是植物。植物世界是一个蓄水池，极具挥发性的太阳光线在其中被巧妙地凝结和沉淀，以备不时之需。2

在某种程度上，由于植物的存在，日心说从一个精深的思辨性问题转变为一个关于生命的问题：通过植物，生命成为并且只会成为日心说的恰当形式。这不是一个涉及观点或真相的问题：每个生物都是日心说的效应和表达，是地球上万物因太阳而存在这一事实的结果。植物的根系让太阳和生命本身能够穿透行星的骨髓，让太阳的影响深入星球最深处，让太阳，这颗孕育了我们的恒星的变体渗透到地球的中心。

*

"从前最大的亵渎是亵渎上帝，可是上帝死了，因而这些亵渎者也死了。现在最可怕的是亵渎大地，而且把不可探究者的脏腑看得比大地的意义还高！"[3] 很难找到比这更准确的词句，能够概括当代世界的新的宗教精神。行星和环境维度上的对地球的依恋不仅是大多数深层生态学实践和理论的基础，也是过去几十年来推动新全球政治形成的精神动力。地球是唯一的至高无上者，以它的名义，我们能够再次做出普遍性的决定，这些决定不是针对特定国家或民族，而是针对包含现在和将来在内的整个人类。这种沉迷，以及尼采所唤起的对于大地的忠诚，远没有人们想象中新奇：用地球取代地中海古老宗教中的个人神性，意味着我们再次忽略了更明显、更清晰、更光亮的东西，太阳。长久以来，日心说一直定义着自然科学所展现出的自我意识，然而它却远远没有在我们的共同意识中留下印记。

尽管有众多围绕太阳的纪念仪式和无数的皈依宣言，

但就像我们的常识一样，哲学似乎从未抛弃过对地心说的信仰。我们从未真正以太阳为中心：地心说才是西方诸多学问最深层的核心。[4] 星相学自文艺复兴以来所遭受的排挤就是一个明证：现代性响应了地球的召唤，忘却了满天星辰，并且更深刻地确认了地球才是容纳我们的存在和所有知识的终极视域。"在世存在"首先就是在地球上存在，就是用容纳我们的星球所特有的形式和形象来衡量一切存在和发生的事物。因此，地球是决定性的度量空间：关于地点和空间的科学被称作几何学（géométrie），它是对大地的测量。地球是一切事物都必须在此显形的终极场所。只有以这个星球的元素作为形式而出现的事物才是存在的。

这种对几何学的痴迷在胡塞尔的现象学中变得十分明显。在一个著名的片段中，胡塞尔试图推翻哥白尼的研究成果，他论证了地球不是也不能是经验的对象，因为地球是经验的基本结构：每个物体"首先指向所有物体的地面，这与作为地面的地球是相关的"[5]。在成为一个物体之前，地球是世界上存在着一个地面、一个基础这个事实本身；只有通过地球，我们才可以表征世界，表征那许多物体以及它们的运动和静止："地球本身，在其原初的表征形式中，既不运动也不静止，而事物只有在与地球的关系中，其运动和静止才具有意义。"[6]西方的地心说似乎与一种奇怪的乡愁（nostalgie）有关，那是对于根的世界的乡愁。地球不是也不能是一个星体，它必须首先是地面："但对我们所有人来说，地球是地面，而不完全是一个物体。"[7]而且，正是得益于这种把地球看作地面、根基、起源、普遍性基础的可能性，我们才能确认人类的统一性。任何经验对象都只能是"相对于地球-地面方舟，相对于'地球-球体'，相对于我们这些陆生人类，以及相对于与普遍人性有关的客观性而言的"[8]。这纯粹是因为，胡塞尔写道："地球对万物来说都是同一个地球，在地球之上、之中、之高处的部分都由同样的身体所统治；同样的化身主体，同样的肉身主体，在某种意义上对万物来说都是身体"；因此，"我们所有人、全体人类、所有'动物'的身体都是陆生的"。[9]"世上只有一种人性和一个地球——所有现在或过去离散的碎片都属于这个地球。"[10]

我们持续通过一种虚假激进的模式来想象我们自己，我们持续借助一个虚假的根的形象（与其他部位相隔绝的形象）来思考生物及其文化。因为把根视为理性，我们仿佛把理性本身和思想转变成了一种盲目扎根的力量，转变成了与大地建立宇宙联系的功能。在这个意义上讲，用根茎的模式来取代传统的、以根为基础的模式，并不代表真正的范式转换：思想依旧让我们把地球，而且只能把地球视为地面，并且使我们确定"土地并非众多元素中的一个，而是将所有元素尽纳怀中，却利用其中的这个或那个去将领土解域化"[11]。我们对地球的忠诚，即我们文化中的极端地缘主义，以及我们文化对"根本性"（radicalité）的渴望和狂热，让我们付出了巨大的代价：要将自己奉献给黑夜，选择在没有太阳的情况下进行思考。在过去的几个世纪里，哲学似乎选择了一条黑暗中的道路。

地心说是一种虚假的内在性所制造的错觉：大地并不是自主的。大地与太阳密不可分。走向大地，深入大地内部，永远意味着升向太阳。这种双重趋向性是我们这个世界的呼吸，是它的原初动力。也是这种双重趋向性激活和构造了植物的生命以及星辰的存在：不存在与太阳没有内在联系的地球，也不存在无法激活地球表层和深层的太阳。我们需要用一种新形式的日心说，或者一场星相学的极端化，来对抗现代和后现代哲学的月亮、夜晚实在论。这并不是，至少不只是去肯定群星对我们造成的影响和对我们生活的支配，而是在接受其影响与支配的同时，承认我们对群星造成的影响，因为地球本身就是其中的一颗星体，生活在地球上（以及地球内部）的所有事物都具有星体的性质。处处皆是天空，且只是天空，而大地是天空的一个组成部分，一种局部聚集的状态。

*

　　静居在宇宙中心处的是太阳。在这个最美丽的殿堂里，它能同时照耀一切。难道还有谁能把这盏明灯放到另一个、更好的位置上吗？有人把太阳称为宇宙之灯、宇宙之心灵，或宇宙之主宰，这些都并非不适当。至高无上的神〔赫尔墨斯（Hermes）〕把太阳称为看得见的神，索福克勒斯（Sophocles）在《厄勒克特拉》（Electra）中则称之为洞察万物的光芒。于是，太阳似乎坐在王位上管辖着绕它运转的行星家族。……地球与太阳交媾，地球受孕，每年分娩一次。

　　因此，我们从这种排列中发现宇宙具有令人惊异的对称性，在球体的运动与它们的大小之间有着稳定和谐的联系，这在其他地方是找不到的。[12]

　　哥白尼试图通过这些话语彻底改变我们与世界之间的

关系。对他来说，问题的关键不仅仅是肯定太阳的中心地位。将太阳置于万物的中心涉及一系列认知和形而上学方面的转变。

宇宙的中心是太阳，这个假设首先意味着运动的普遍化。地球需要旋转，围绕太阳旋转才能够存在；地球的全部现实都必须从这个光与能量的无限源泉出发来加以理解和观察。我们世界的核心不是一个永远稳定、固定的点，而是某种具有持续涌动的能量的东西，我们只有通过运动才能接触到这个核心，而太阳本身就是这种运动的成因。万物的存在都要归功于这一源泉。反过来讲，我们的身体、山石、动物都是天空的端点。太阳是我们尘世的心脏，是宇宙的海湾，对于从中产生和流溢出来的东西，我们的身体既是传感器，也是档案和镜子。进食行为已然承认了太阳及其能量的中心地位，并且在地球上找到了生命与太阳的间接联系，因为所有有机化合物都是植物捕捉太阳能并将其转化为有机物质、生命物质的直接或间接结果。我们的每次进食，都是在弥补我们无法像植物那样直接吸收这种能量的缺陷。我们的身体不过是太阳提供给地球的一份档案。

其次，地球围绕太阳旋转这一断言，意味着否认陆地的人类空间与天际的非人类空间在本体论上的分离，因此这也转变了天空的概念。天空不再是笼罩着地面的偶然生成的大气，它是宇宙唯一的实质，是万物存在的本质。天空不是高高在上的东西。天空无处不在；它是关于混合物和运动的空间与实在，是万物赖以勾勒自身的终极视域。世上只有天空，天空无处不在；万事万物，甚至我们的星球及其容纳的一切，都只是这种无限的、普遍的天际物质的一部分聚集态。凡是发生的，都是天际事件；凡是出现的，都是神圣的事实。上帝不在别处，他与形式的实在、偶然性的实在相重合。植物将生命永恒地奉献给天空，奉献给发生在空中的一切，同时又牢牢地扎根于大地。可以说，得益于植物的存在，生命不再单纯是一个化学性事实，而更应该是一个星相学事实。

肯定地球与宇宙其他部分之间存在物质连续性，这意味着地球本身的概念也被改变了。地球是一个天体，而地球上的一切都是天空。[13] 人类世界并不是非人类宇宙中的例外，我们的存在、姿态、文化、语言、外表，这些都属于天空。认识到地球的星体性质，就意味着星相学（关于星辰的科学）不再是一门地方性科学，而是一门全球性和普遍性科学。为了更好地颠覆星相学，我们还可以说它不再关乎如何理解星辰对于我们的控制，或者说支配，而是把天空理解为一个充满流动与影响的空间。不仅生物学、地质学和神学都只是星相学的分支，星相学自身在这种模式底下也正在成为一门关于偶然性、不可预见性和不规则性的学问。天空并不是同一性得以回归的场所。

所以，星相学的普遍主义蕴含着摧毁绝对内在性这一概念本身，要肯定某种无限飘浮的东西，其中的任何物体和存在都无法再被锚定于某个地方，事实上，那里不再有任何土地，任何稳定的基础，任何地面。我们的存在最终来源于天空。大地及其广延并不是我们存在的普遍基础或基质，而是最边缘的表面，是现实宇宙并不那么坚实的终极屏障：深处，即是星辰；大地和天空皆是我们皮肤的无限延伸。这种对传统的地面概念的破坏，同样让我们有可能超越生态学的常规视域。生态学自其诞生之初就一直仅从生境、栖息地的角度来考虑环境：它把世界变成了可居住性概念的普遍化。它将巨大的空间、天空的宇宙还原为可居住的土壤。正是由于这种把世界当作土地、收容空间和宜居场所的构想，生态学才能够将诸多生物的共栖现象理解为一个秩序化和标准化的整体。认识到或开始意识到地球是一个星体空间，且只是天空的一部分聚集态，这就等于认识到有不可居住之地，有空间是确定永远无法居住的。[14] 我们穿过一个空间，渗透一个空间，我们与世界相混合，但我们永远无法在其中安然立足。所有居所都倾向于变得不宜居住，然后成为天空，而非房屋。根的存在能够表明这一点，在日常语言中，根被当作关于居所的最完美例证；然而根仅仅是一台连接大地与天空的机器的末梢，是让大地直抵其核心进而转变为天体的捷径。

让地球成为天体，就等于让地球是我们栖息地的这一事实再度成为偶然事件。与大多数星球一样，地球也不必然是可居住的。宇宙本身不是宜居之所，它不是"欧依蔻斯"①，而是"乌拉诺斯"②：生态学恰恰是对天体学（uranologie）的拒绝。

---

① 欧依蔻斯（oikos）是希腊语，在古希腊意指两个相关但不同的概念，即家庭和家庭的房子。欧依蔻斯是大多数希腊城邦的基本社会单位，在标准雅典方言的用法中也指父子世代相传的血缘关系。在亚里士多德的《政治学》中，它有时也用来指居住在特定房屋中的所有人，房屋的主人及其直系亲属和奴隶都被包括在内。另外，大型欧依蔻斯还指通常由奴隶打理的农场。

② 乌拉诺斯（ouranos），古希腊神话中的第一代神王，天空之神。从大地女神盖娅的指端诞生，象征希望与未来，是天空的神格化形象。

IV

花的理论
理性的形式

12. 花

　　将自己牢牢钉在陆地表面，是为了更好地渗透空气与土壤。让自己停靠于偶然的地点，是为了此后向周遭世界中的一切事物，不论其形式和本质地敞开、展现自己。寸步不移地守在原地，是为了更好地接受世界向自身涌入。不厌其烦地建造通道、开设入口，是为了让世界可以掉进来，滑下去，嵌入自身内部。对于固着生物①来说，遇见其他生物——无论对方是什么来头——从来都不是一个关于等待和偶然的简单命题。在不可能移动、不可能行动、不可能选择的情形下，与某物或某事的相遇就只能通过生物自身的变形来实现。只有在其自身内部，无法运动的存在者才能与世界相遇。没有地理空间、中间地带可以容纳彼此的身体并使相遇成为可能，每一个固着生物都必须让自己成为世界的世界，必须在自身内部为世界构建一个作为环境的矛盾场所。此外，在面对固着生物时，世界并不呈

---

① 固着（sessile）生物，指附着在水底基质、沉水植物或水中建筑设施等表面上的植物和动物，包括细菌、原生动物、海绵动物、苔藓动物、许多腔肠动物（水螅虫类、珊瑚虫类）、软体动物、蔓足甲壳类、大型藻、硅藻等。

现为我们所认知的那种物质多样性，即物质与物质之间被可触、可见的轮廓互相分隔开来；在固着生物面前，世界仅由强度和密度可变的单一物质构成。做出区分就意味着过滤、提炼作为事物本质的这种持续流动，并将其缩略为一个形象。感知世界的深度，就是要被世界触摸、渗透，直到被世界改变、调节。对于固着生物来说，认识世界等同于变换自身形态，这是由外部诱发的变形。这就是我们所谓的"性"（sexe）：感受性（sensibilité）的至高形式，它使我们在想象他者的同时，也被他者更改了我们的存在模式，他者也迫使我们去行动，去改变，去成为他者。花是植物的附属物，或者更确切地说，是进化程度最高的被子植物的附属物，但是花帮助植物完成了吸收和捕捉世界的过程。它是一个宇宙诱捕器，一具短暂易逝的身体，它可以感知——也就是吸收——世界，然后从中过滤出最珍贵的形式，以便被世界改造，从而将植物的存在扩展到植物的形式无法企及的地方。[1]

首先，花是一个诱捕器：它不走向世界，而是吸引世界走向自己。当植物有了花朵，植物生命才迎来了前所未有的色彩与形式的大爆发，也迎来了植物生命在表象领域的征途。在花朵之中，性、形式与表象融合为一体。形式和表象也摆脱了一切基于表达或身份归属的逻辑：它们不必表达某种个人真理，不必定义任何性质或传递任何本质。"植物结构的模式也是纯粹指示性的，［而且］与它的实用性完全无关。"[2]形式和表象不应传递意义或内容，而应该促进不同存在者之间的交流，这些存在者不仅在数量（同一物种的雌雄个体）上有所不同，而且在物种、领地、本体论领域（植物与昆虫、犬类、人类等等）方面也千差万别。在花朵之中，形式是关于结合的实验室，是不同事物发生融合的空间。

在自我增殖的多种模式中，有性繁殖将单一个体的分裂和增殖过程转变为一种共同创造和改变形式的过程。在花朵之中，繁殖不再是实现个体自恋或物种自恋的工具，而是一种关于凝聚与混合的生态学，因为个体创造世界，而整个世界又孕育新的个体。同一物种内，个体之间的联系需要建立在与其他个体的跨领地联系上。性行为不但没有任何私密或神秘之处——这正是显花植物（phanérogame）的概念所表达的——而且一定要经由这个世界才能够实现；性是最具在世性和宇宙性的事情。与他者相遇，永远且必须是在形式、状态、物质的诸多方面与世界相结合。无论存在者来自哪个性别、物种或领地，他都不可能将自己封闭在单一身份之内。更何况，性也是解除身份约束的原始实践。

如此，花朵的存在以及花朵在生物和生态意义上的存在和重要性，使我们无法将植物的宇宙功能局限于简单的能量生产或大量转化的问题上面。花朵在进化道路上做出的选择，就是选择了形式及其变体的至高地位。[3]宇宙论始终是一种"美学"，它只有基于多种形式才能被构建起来[4]：平衡性和能量的流动并不足以构成一个宇宙。混合——其中对生物来说最普遍的形式或许就是性——始终是让形式产生增殖和变化的力量，而不是让形式缩减的机制。

它是有效的混合工具：个体与其他个体的所有相遇和结合都通过它来实现。但严格来说，花朵并不是一个器官，而是不同器官的集合体，这些器官经过改造后才使繁殖得以可能。这种塑形的短暂性和不稳定性在突破严格意义的"有机"领域方面发挥了深刻的作用。作为创造、生产和孕育新的个体身份和物种身份的空间，花朵是一种颠覆个体的有机体逻辑的装置（dispositif）：它是个体和物种向变异、变化和死亡的可能性敞开的最后一道门槛。在花朵之中，有机体和物种的整体性通过减数分裂的过程被分解和重组。因此花朵是整体性之外的场所，是超越了"人人为我"①的场所。这一点也体现在它们的数量上：高等动物拥有稳定且唯一的生殖器官，而植物则为自己组建了数量庞大的附属生殖部位，并且可以迅速地丢弃它们。正是由于这种过剩——这反过来又造成了另一种过剩，即众多（有生命或无生命的）传粉者的过剩——我们很难把植物的性归结为简单的自我复制策略。不过，还有其他一些元素致使我们无法把植物繁殖的主要工具单纯视为一种主体性溢出。斯多葛学派认为，每个生命体在出生之后都会立刻感知到自身，然后在这一感知的基础上，占有和适应自身。他们把这种自我占有和自我熟悉的过程称为"视为己有"（oikeiosis）——生命体的自我成为（devenir）。"要知道，"希罗克勒斯（Hiéroclès）写道，"动物一出生，就能感知其自身"⁵，而且"一旦对自身有了最初的感知，它就会立刻熟悉自身及自身的结构"⁶。但花朵往往展现出一种相反的机制：即无法适应自身，成为自己的局外者。这就是受精过程中发生的事情：大部分雌雄同株的花朵会

---

① 原文为"tous pour un"，取自拉丁语格言"Unus pro omnibus, omnes pro uno"（我为人人，人人为我），这句话最初源于 17 世纪初的波希米亚新教徒起义，后来也成为瑞士联邦的传统国家建国格言，因出现在大仲马的小说《三个火枪手》中而广为人知。

演化出一套避免自我受精的自我免疫系统，这是一种对于自身的防御，为的是让自身更好地向世界开放。[7]

如果说花朵不能被当作一个简单的器官，那主要是因为花朵是生产未来的有机体的场所，也就是生产组成身体所需的全部器官的场所。在重复生命体是有机的存在者这一令人厌恶的观点时，有件事经常被我们忽略了：每个有机体同样是元有机体（métaorganique）领域中的一部分，而元有机体则构建了所有组成其自身的器官。从这个角度看，花朵（以及种子）是一众器官的器官，这不仅是因为它提供了原初的建造工地，使得有机体的构造过程能够被设计并实施出来，而且还因为，花朵为了做到以上种种，不得不把它当下的有机体身份还原为一段简单的编码，一份缩减和修改过的草图，还原为半成品，还原为一个包含了生产其他个体所需的全部技术与物质程序的有效形象。花朵本身就完美表现了生命与技术、物质与想象、精神与广延之间的绝对契合。

13. 性即理性

几个世纪以来，人们认为植物是某种先验的想象力在激活物质的场所，这种想象力不仅是能够塑造无形的心理现实的个体功能，而且是能够直接模仿世界上的物质的弹性力量。"植物灵魂"指的不是生命失去了想象功能，而是指生命的整个有机体都受到了想象力施加的影响——甚至被想象力赋予了形式——并且生命的物质成了一个没有意识的梦，一个不需要由器官或主体来实现的幻想。

每种植物似乎都在创造和开辟一个宇宙平面，在这个平面上，物质与幻想、想象与自我发展之间没有对立。世界上存在一个身体与认知、形象与物质绝对重合的领域，这种想法在生物学上从来都不新奇。事实上，基因的概念就是这一想法的现代表述。[1]这种观念广泛存在于文艺复兴时期的哲学和医学中。它最激进的形式曾经启发威廉·哈维（William Harvey）对生物的繁殖进行思考，也启发了扬·马雷克·马尔奇（Jan Marek Marci de Kronland）[2]或彼泽·瑟伦森（Peder Sørensen）[3]对"精子"（semina）的思考，以及弗朗西斯·格利森（Francis Glisson）对自然感知的思考。[4]为了使用一个相对常见的类比，我们需要让生物的生育过程（在子宫内孕育生命，"conceptio uteri"）与大脑的运作方式（"conceptio cerebri"）完全同构：在植物（或任何植物性生命）这里，世界上的物质变成了能够运作的大脑[5]。换句话说，存在一种物质的非神经性大脑，一种内在于有机物质本身的精神。在生命中，物质可以成为精神——通过开始生活。种子最能体现这种"大脑性"的初级形式。只有假定种子具备某种形式的知识，具备一种认识、一套行动方案、一种不以意识的方式存在却能使它毫厘不差地完成每项任务的模式，我们才能解释种子为何能够从事诸多活动。[6]如果说在人或动物身上，知识是一种偶然、短暂的事实，那么在种子身上（也可以说在遗传密码中），知识则与本质、生命、力量和行动本身相吻合。[7]基因是物质的大脑，物质的精神。如果说一粒谷物可以被视为一个大脑，那便是因为大脑拥有种子的形式。这种类比思辨的意义在于可能抵达一种对大脑的非解剖学定义：大脑不是一个人类器官，它压根儿不是一个器官，而是物质的特征，蕴含知识与认识的特征。这从根本上说涉及拓展知识与思想概念的含义，而拓展的方向与亚里士多德主义相反：不是让智力变成独立的器官，而是让它与物质相吻合。

弗朗西斯·格利森率先以最激进的方式提出了上述假

说，他甚至认为应赋予整个宇宙以生命活力。根据格利森的观点，物质本身的定义必须以某种自然易感性，即自然感知（perception naturalis）为基础，这种易感性是原始、独立且有别于感觉或经验的，因为它不会出错。这种根本的易感性是"实体生命的直接行动"（immediatam actionem vitae substantialis）。因此物质所感知的就是生命体本身的形式。一个关于这种基础感受性的例子是，小麦种子能够感知由自身发展出来的植物形状。[8]好像由于种子的存在，生命体开始去感知到自身。从这个意义上讲，想象力并没有规定一个主权空间：自然感知是一种没有主权的易感性，它不可能将注意力从所注视的对象上转移开去。[9]作为被感知对象的有机体形式也不会表现出对于选择或判断的漠然：自然感知并不选择它的对象，也不会深思熟虑。在种子的内在性中，任何形式都不再是审美或物质的事实，而是对一种潜在的心理主义，一种无意识的物质心理学的明证。哪里有形式，哪里就有构造物质的心灵，换句话说，物质作为心灵而存在和生活着。植物生命从来不是一个纯粹的生物学事实：它是生物与文化、物质与文化、逻各斯与广延之间的无分别之地。

洛伦兹·奥肯（Lorenz Oken）在他的巨著《自然哲学教程》中写道：

> 如果想把花朵——在性关系之外——比作一个动物器官，我们只能把它比作最重要的神经器官。花是植物的大脑，它对应着光，它保持在性的层面上。我们可以说，植物的性就相当于动物的大脑，或者说，植物的大脑就是动物的性。[10]

奥肯的这种表述绝佳地承袭了谢林和歌德，其中绝无自相矛盾之处；可以说，他的观点只是对古代斯多葛派关于理性（逻各斯）具有种子形式的观点进行了概括和激进化。将理性视为一粒种子，这让我们可以把理性从人的剪影中剥离出来，将其转化为能够塑造物质的宇宙能力和自然能力（理性存在于物质世界而非人的身体中，与事物的自然进程相吻合）：理性是赋予一切存在者以形式的东西。通过遵循预先确立的规则，理性从内部支配着世界及其生成（devenir）。认为理性是花朵，或者反过来说，认为花朵是理性存在的范式，都会让我们把理性设想为转变形式的宇宙能力。因此，思想不再是赋予现实以身份的力量，更不会让这个身份一劳永逸地决定现实的命运，相反，思想是个体与宇宙其他部分产生的交汇点，是个体与世界混合并让自身被混合影响的形而上学空间，是改变存在者最深层身份的偏离式力量。理性——宇宙之花——是一种繁衍世界的力量。它从不将现存的事物归还于自身，归还于事物在数量上的统一性，归还于事物的历史、谱系；确切地说，它所做的是增殖身体，更新可能性，重置过去，为不可想象的未来开辟空间。最后，理性之花也不会将复杂多样的经验还原为独一的自我，不会将观点的分歧还原为主体的独特性；它使主体倍增，也使主体分化，它使经验变得不可比较、不可共存。理性不再是相同、不变、唯一的现实；它是迫使万物与其相似物通过相异混合起来并以此改变其面貌的力量和结构；它是让组成世界的事物和参与每次偶遇的事物能从内部重新描绘其面貌的力量。

理性是一朵花：不必等到人类或高等动物出现，塑造物质的技术力量就已经成了一种个体能力。植物驯化了这种力量，并使它随着生命和世代生息的节奏而振动。正是因为有了植物，生命才变成了绝佳的理性空间；正是因为有了植物，世界和生命才得以无休止地相合。

理性是一朵花：我们可以说，一切理性的东西都与性有关，一切与性有关的东西都是理性的。合乎理性是一个形式问题，但形式总是混合时的运动的结果，而混合会产生变化和变异。反过来说，性不再属于理性之外的病态领域，也不再是充满麻烦和模糊情感的地带。它是一种结构，它代表着个体与世界的相遇，这让每个事物都能被其他事物触及，让每个事物都在演化中进步，实现自我重塑，在相似的身体中成为他者。性不是一个纯粹的生物学事实，不是生命本身的冲动，而是整个宇宙的运动：它不是一种被改进过的生物繁殖技术，而是一个证据，证明了生命只是一个过程，经由这个过程，世界能够通过更新和创造混合的公式来延长和更新自身的存在。在性当中，生物成了宇宙混合的施动者，混合则成了更新存在和身份的手段。

理性是一朵花：理性不是也永远不可能是一个具有确定和稳定形式的器官。它是多种器官的组合，是一种令整个有机体及其逻辑重新遭遇质疑的附属结构。它主要是一种短暂的、季节性结构，它的存在取决于其所在世界的气候和大气。它是冒险，是创造，是实验。

花朵是理性的典范形式：思考，永远是将自己投入表象的领域，这么做不是为了表达隐藏的内在性，也不是为了言说，而是为了让不同的存在者触碰彼此。吸引力使存在者能够感知和吸收世界，并使整个世界存在于寓居其中的所有有机体的内部，而理性只不过是吸引力的多元化宇宙结构。

V

终曲

14. 论思辨性自养

不知从什么时候开始，一条非常严苛的规矩盛行于科学的共和国之内：这条不成文的铁律规定每个认识对象都有且仅有一门学科与之对应，反过来讲，这也表明每门学科都有数量明确且有限的适于认知的对象和问题。与任何形式的学科一样，这条规矩也具有典型的道德而非认识论的性质，甚至目的：它的作用是限制求知意愿，惩戒过度求知，不是从外部而是从内部对其加以遏制。我们所说的专业主义包含了一种自我塑造，一种认知和情感教育，而这种教育是隐性的，或者说它往往是被遗忘和压抑的。这种认知上的禁欲主义并不自然，相反，它是长期艰苦努力所造成的既不稳定又不确定的结果，是实践自我精神训练的毒果，是对自身好奇心的持续阉割。专业主义指的不是知识过剩，而是自觉自愿地放弃"其他"知识。它所表达的不是对某一对象的过度好奇，而是对某种认知禁忌的畏惧和恪守。所有劝导人们将各种形式的人类知识视作在本体论和形式上相互区别开来的学科的做法，都表达了一种名副其实的认知教规："跟你所具备的知识相比，任何在认识对象和方法上有所不同的知识都应被当成不洁的。"

这些禁忌并不新鲜，也不特别现代。[1]几个世纪以前，随着中世纪大学的建立，这些禁忌就已经被强制施行了。事实上，它们代表了大学制度的精髓。与全球性、多学科、百科全书式文化（古人的"enkyklos paideia"[2]）理想相反，大学的诞生是为了证明我们必须用其他形式的知识（特别是法律、医学和神学），来支持博雅教育①，即我们从古人那里继承下来但被认为不够充分的那些自由技术。这些知识不再以整体性为目标，也不再以和谐统一的结构彼此组织起来。它们将学科分隔成不同且互不相容的存在路径：法学家不能成为神学家，神学家也被禁止成为法学家。长久以来，学者的最高姿态曾是将完全不相干的知识形式汇聚在自己身上，并自觉地去衡量它们的统一性：知识的主体——在"我思"（cogito）中自称"我"的那个人——总是超出各学科的边界，总能够比任何一个学科看得更远。而在大学中，知识和思想的主体（"我思"中的"我"）却被要求把自己的认知主体性，即自己的智性存在和"思

---

① 博雅教育（arts libéraux），又被称为文科教育、文理教育、人文教育等，原指西方古典时代中，一个自由的城市公民所应修习的基本学科，核心内容包括被称为三学的文法、修辞与逻辑；至中古时代，它的范围被扩大，包括了算术、几何、音乐、占星的四术。三学与四术，合称为文理七艺或自由七艺，是中世纪大学的主要科目。

维之物"（res cogitans），限制在某个学科或对象的边界之内。

这种认识论上的限制与另一种限制相对应，即社会或者社会学方面的限制。大学的诞生并不对应新的知识或知识组织的诞生，而是新的学者组织的形成。随着中世纪大学的诞生，知识的生产和传播第一次成为某个行会的成果："大学"（universitas）就是用来命名这个行会的专业术语。同样，行会也第一次不再是与职业、政治目标或民族源流相关的协会，而是一个知识体系：它将人们聚集在相同形式的知识周围，因此它是一个认识论共同体。获得知识就是去加入某个共同体。因此，认知行为的合法性是由法律纽带和政治归属赋予的，理论生命（bios theoretikos）的理想必须也立刻要与盟友（socii）共享。所以不同认识对象之间的关系是由不同学者群体之间的法律和社会关系决定的。而一门学科的认知边界就是相应团体的自我意识边界：该学科的同一性、现实性、统一性和认识论上的自主性都只是掌管它的学者团体（collegium）的区分法、统一性和权力所产生的次级效应。"专业化"是对团体式知识理想在认识论意义上的翻译，这种理想致力于将学者建构为一个法律上封闭的团体。我们称之为学科或科学（们）的东西，无非是大学团体投下的影子。[3] 而认识论不过是努力要把一个完全属于社会和道德性质的禁忌体系翻译为科学语言罢了，而这种努力注定会失败。

*

与人相比，事物和观念所受的规训要少得多：它们彼此交织，无须担心任何禁忌或规矩；它们自由流通，无须等待许可；它们根据各种形式和力量进行自我构建，而这些形式和力量与塑造社会主体的那些绝不相符。与此相反的情况几乎不可能出现。事实上，正是这种自主性使得几个世纪以来被称为哲学的东西成为可能：即一种与观念和认识的联系，这种联系不经由任何规训或标准传递，除一种盲目、无序、无分辨力的欲望外别无其他基础。如果哲学可以宣称自己与真理有着特殊的联系，而且这种欲望（而非某种方法、规章、约定、程序）能让我们更加接近现实，那是因为世界是事物和观念以异质的、不协调的、不可预测的方式混合在一起的空间。一次突触交换与一首正在书写的诗歌、一阵微风、一只寻路归巢的蚂蚁、一场开打的战争都处于同一个事件空间；万物与万物相关联，这里没有高于混合体的统一体，也没有按照形式一致或同构性的标准来排列的因果关系。并不是只有把那些性质或形式相同的现象（物理现象与其他物理现象、社会现象与其他社会现象等）全部在它们内部联系起来，我们才能理解这个世界。我们也并不是通过抑制世界各个组成部分的不同性质，才能理解是什么让所有生命成为可能的。世界不是一个由因果秩序决定的空间——这个空间是由各种影响所形成的气候以及大气的气象学来决定的。生命和世界不过是普遍混合体的名称，也是气候的名称，是不涉及实体与形式融合的统一体的名称。

理解气候，就是掌握大气。

因此，宇宙论比植物学更能解释植物及其结构。同样，人类学如果想要理解所谓理性的本质，那么它从花朵的结构中所能学到的东西也比从人类主体的语言化自我意识中能学到的要多得多。这是因为每个真理都与其他所有真理相关联，就像每个事物都与其他所有事物相关联一样。而且这种联系，这种观念、真理和事物之间的普遍共谋，就是我们所说的世界：是我们每时每刻、每次呼吸都穿透其中并被它所穿透的东西。如果种种知识想保持世间性，即作为对这个世界的认识和知识存在，那就必须尊重世界的结构。在这个世界上，每个事物都与其他所有事物混合在一起，没有事物在本体论上与其他事物相分隔。知识和观念也是如此。在思想的海洋中，万物互相交流，每种知识都与其他所有知识互相渗透。任何对象都可以被任何学科认识，也可以被各种知识触及。

综上所述，对于世界的真正认识只能是一种思辨形式的自养：它不应该总是完全依赖历史上已经被这门或那门学科（包括哲学）认可的观念和真理而生存，不应试图从已经结构化、秩序化和编排好的认知元素中建构自己，而应该将任何主体、对象或事件转化为观念，就像植物能够将任何少量的泥土、空气和光转化为生命一样。这将是最为根本的思辨活动，是一种与实践它的地点、形式和方式都无关的千变万化而又初始的宇宙论。

15. 像大气一样

哲学的出现不应被视作一劳永逸的历史事件。哲学不仅是一门学科，可以通过在空间和时间中普遍共享的对象、方法、问题和目的被辨识出来；哲学还是一种大气条件，可以在任何地点、时刻突然出现。它可以在一段时间内支配人类的认识，但也可以骤然消失，其原因往往是神秘的，就像和煦春光或狂风暴雨也会突然消散一样。从这个意义上说，渐进的甚至非线性的思想史概念，就像档案、经典、著作遗产或哲学文本这些概念的存在一样，都是一种幻觉：只有一种原始意义上的思想气象学存在。"气象学"这个词是亚里士多德式的，它是专门研究一系列"按照自然规律"发生的自然现象的科学，但其发生"条件比物体的基本元素更不规律"，比如"风和地震"，抑或"闪电、飓风和暴风雨"。"哲学的"观念和概念并不是叠加在其他形式的认识或观念之上的特定认识，而是一种牵涉到理性和认识中的具体元素的运动；它是一种特定的气候，是一种对现有知识的不稳定但却强有力的构型，正如风、云、雨这些元素并不是被额外添加到世界中现存的元素之上的，而仅仅是现存元素的偶然变化，或者是现存元素显现出来的力量和对我们的影响，正如一定的温度、光照以及自然元素任何新的布局都会改变一个地方的面貌，并决定这个地方是否宜居，任何哲学事件同样都会改变认识和知识在既有历史语境中的布局，从而在根本上改变其存在模式。这首先是一个认识论上的证据：哲学是大气的，因为真理总是以大气的形式存在。只有在与其他元素的混合中，事物才能找到自己的身份：大气比本质更真实。反过来讲，如果哲学更青睐大气而非本质，那是因为大气是元素整体的极端形式。在这个意义上，哲学认识的大气性质体现在它的形式上，也体现为它无法被还原成一门由对象、方法或风格所定义的排斥他者的学问。

如果说我们不可能把哲学还原为一个特定对象，还原为一个"同质"且单一的研究领域，那是因为哲学无处不在。哲学与其他形式的知识（如物理、文学、计算机科学、艺术）远非互相对立的，哲学与可知者和可命名者的边界相吻合。没有什么事物原本就是哲学的，任何事物——包括那些不存在也永远不会存在的事物——都可以且必须成为哲学探究的对象。

同样，严格意义上讲，我们也不可能在一本哲学著作和另一本哲学著作之间辨认出什么风格上的连续性。纵观历史，哲学实践过所有可用的文学体裁，从小说到诗歌，从论文到格言，从短篇故事到数学公式。根据习惯，所有符号形式事实上都是哲学的，也没有哪种形式有权宣称自己更能抵达真理，也没有哪种文体会比另一种更适用于哲学。当代学术界盲目崇拜那些充斥脚注的论文所用的含混的沃拉普克语①，但从上述视角看来，这种崇拜没有任何理由。一部电影、一尊雕塑、一首流行歌曲，乃至于一块鹅卵石、一片云、一朵菌菇，它们都可以是哲学的，其哲学强度不亚于一篇地质学论文、《纯粹理性批判》或者花花公子假装漫不经心说出的一句谚语。

归根结底，我们不可能提炼出某种独有的方法；唯一的方法就是极度强烈地热爱知识，对认识的所有形式和对象抱有一种狂野、原始和不屈不挠的激情。哲学受到爱欲之神厄洛斯（Éros）的绝对控制，而厄洛斯恰恰是所有神灵中最粗野、最无视规训（indiscipliné）的一位。哲学永远不能成为一门学科（discipline）②：当人类意识到不可

---

① 　沃拉普克语（Volapük）是第一种较为成功的人造语言，是世界语的先驱。1880 年，由德国巴伐利亚牧师约翰・马丁・施莱尔（Johann Martin Schleyer）创造。沃拉普克语一度流行于 19 世纪 80—90 年代，但很快被另一种新创造的"世界语"（Esperanto）边缘化。

② 　"discipline"在法语里作为名词表示学科之意，此处作者有一语双关的倾向，"indiscipliné"亦可被理解为反学科的。

能存在任何学科，无论是道德学科还是认识论学科之后，人类知识反而成了哲学。假如我们认可与之相反的情况，把哲学跟一系列已经僵化的问题联系起来，或者把哲学跟哲学本身特有的那些问题联系起来，那就意味着要将哲学与某种经院式教条混为一谈。[1]这便是为何我们永远无法在档案中找到这样一种观念：它体现了所有传统的分裂点，体现了所有学科内部使某个具体的知识成为范式和范例的克里纳门①。它是与苏格拉底式无定所（atopie）相对的一种理想：哲学思想并非无处栖身，而是无处不在。就像大气一样。

---

① 克里纳门（clinamen）由古罗马哲学家、诗人卢克莱修在《物性论》中提出，指原子相撞或分离而产生的不可预测的突然转向。

注释

1. 论植物，或我们世界的起源

1 现代时期唯一的例外是古斯塔夫·费希纳的代表作《微子或植物的灵魂》（Gustav Fechner, *Nanna oder über das Seelenleben der Pflanzen*, Leipzig: L.Voss, 1848）。面对这种沉默，少数研究人员和知识分子开始发出自己的声音，甚至有人谈到了一种"植物转向"（plant turn）：

伊莱恩·米勒《植物的灵魂：从自然哲学到女性的主体性》（Elaine P. Miller, *The Vegetative Soul: From Philosophy of Nature to Subjectivity in the Feminine*, Albany: SUNY Press, 2002）；

马修·霍尔《作为人的植物：哲学植物学》（Matthew Hall, *Plants as Persons: A Philosophical Botany,* Albany: SUNY Press, 2011）；

爱德华多·科恩《森林如何思考：超越人类的人类学》（Eduardo Kohn, *How Forests Think: Toward an Anthropology of the Human*, Berkeley: University of California Press, 2013）；

迈克尔·马尔德《植物之思：植物生命哲学》（Michael Marder, *Plant Thinking: A Philosophy of Vegetal Life*, New York: Columbia University Press, 2013）；

迈克尔·马尔德《哲学家的植物：知识标本馆》（Michael Marder, *The Philosopher's Plant: An Intellectual Herbarium*, New York: Columbia University Press, 2014）；

杰弗里·尼伦《植物理论：生命权力与植物生命》（Jeffrey Nealon, *Plant Theory: Biopower and Vegetable Life*, New York: Columbia University Press, 2015）。

除极少数例子以外，这些文献坚持从纯粹的哲学或人类学研究中寻找关于植物的真理，而没有选择与当代植物学思想进行交流，然而后者当中却出现了引人瞩目的自然哲学杰作。其中对我影响最大的有：

艾格尼丝·阿尔伯《植物形态的自然哲学》（Agnes Arber, *The Natural Philosophy of Plant Form*, Cambridge: Cambridge University Press, 1950）；

戴维·比尔林《碧绿星球：植物如何改变地球的历史》（David Beerling, *The Emerald Planet: How Plants Changed Earth's History*, Oxford: Oxford University Press, 2007）；

丹尼尔·查莫维茨《植物知道生命的答案》（Daniel Chamovitz, *What a Plant Knows: A Field Guide to the Sens-*

es, New York: Scientific American / Farrar, Straus & Giroux, 2012）；

埃德雷德·约翰·亨利·科纳《植物的生命》（Edred John Henry Corner, *The Life of Plants*, Cleveland: World, 1964）；

卡尔·尼克拉斯《植物进化论：生命史导论》（Karl J. Niklas, *Plant Evolution: An Introduction to the History of Life*, Chicago: University of Chicago Press, 2016）；

塞尔吉奥·斯特凡诺·通齐格《植物生物学读本》（Sergio Stefano Tonzig, *Letture di biologia vegetale*, Milano: Mondadori, 1975）；

弗朗西斯·阿雷《植物礼赞：走向新的生物学》（François Hallé, *Éloge de la plante: Pour la nouvelle biologie*, Paris: Seuil, 1999）；

斯特凡诺·曼库索、亚历山德拉·维奥拉《它们没大脑，但它们有智能：植物智能的认识史》（Stefano Mancuso et Alessandra Viola, *Verde brillante: Sensibilità e intelligenza nel mondo vegetale*, Florence: Giunti, 2013）。

关注植物也是当代美国人类学的核心，首先是罗安清那令人惊叹的（实际上是以菌类为中心的）杰作《末日松茸：资本主义废墟上的生活可能》（Anna Lowenhaupt Tsing, *The Mushroom at the End of the World: On the Possibility of*

Life in Capitalist Ruins, Princeton: Princeton University Press, 2015）；

其次是娜塔莎·迈尔斯的诸多著作，她也在筹备一本关于这个主题的著作，详见她和卡拉·赫斯塔克的文章《退化冲量：当情感生态学遇到植物／昆虫科学》（Natasha Myers et Carla Hustak, "Involutionary Momentum: Affective Ecologies and the Sciences of Plant/Insect Encounters", *Differences: A Journal of Feminist Cultural Studies*, 23(3), 2012, pp. 74-117）。

2　弗朗西斯·阿雷：《植物礼赞：走向新的生物学》，引用信息同前注，第 321 页。弗朗西斯·阿雷和卡尔·尼克拉斯一样，是最致力于将对植物生命的思考转化为恰当的形而上学研究对象的植物学家。

3　卡尔·尼克拉斯：《植物进化论：生命史导论》，引用信息同前注，第 8 页。

4　马歇尔·达利：《"植物性"的本质》（W. Marshall Darley, "The Essence of 'Plantness'", *the American Biology Teacher*, 52 [6], 1990, pp. 354-357），第 356 页。

5　其中最有名的当属：彼得·辛格《动物解放》（Peter Singer, *La Libération animale*, Paris: Payot, coll. "Petite Bibliothèque Payot", 2012）；

乔纳森·萨弗兰·福尔《吃动物》（Jonathan Safran Foer, *Faut-il manger les animaux ?* Paris: L'Olivier, 2001）。

不过这种争论可以追溯到很久以前，参见两部古代巨著：

普鲁塔克《论吃肉》（Plutarque, *Manger la chair*, Paris: Rivages, coll. "Petite Bibliothèque Rivages", 2002）；

波菲利《论禁欲》三卷本（Porphyre, *De l'abstinence*, 3 vol., Paris: Les Belles Lettres, 1977-1975）。

关于这种争论的历史，详见雷南·拉鲁《素食主义及其敌人：二十五个世纪的争论》（Renan Larue, *Le Végétarisme et ses ennemis: Vingt-cinq siècles de débats*, Paris: PUF, 2015）。

在有关动物的争论中充斥着极其肤浅的道德主义，然而这些争论似乎忘记了一个前提，即异养生物（hétérotrophie）总是把杀死其他生物当作生命的一个天然且必要的维度。

6　乔治·阿甘本：《敞开：人与动物》（Giorgio Agamben, *L'Ouvert. De l'homme et de l'animal*, Paris: Rivages, coll. "Petite Bibliothèque Rivages", 2006）。

7　关于植物权利的争论非常少见，不过至少有：塞缪尔·巴特勒的《埃瑞璜》（Samuel Butler, *Erewhon ou De l'autre côté des montagnes*, Paris: Gallimard, 1981）一书中著名的第 27 章《一位埃瑞璜先知关于蔬菜权利的观点》（The

Views of an Erewhonian Prophet concerning the Rights of Vegetables）；以及克里斯托弗·斯通的经典文章《树木应有诉讼资格吗？——迈向自然物的法律权利》（Christopher D. Stone, "Should Trees have Standing? Toward Legal Rights for Natural Objects", *Southern California Law Review*, 45, 1972, pp. 450-501）。关于对这些问题的哲学论辩，参见迈克尔·马尔德在《植物之思》中做出的有益总结，引用信息同前注；并且请参考马修·霍尔的立场，详见《作为人的植物》，引用信息同前注。

8 马歇尔·达利：《"植物性"的本质》，引用信息同前注，第 356 页。亦可见 J.L. 阿伯《动物沙文主义、涉植物伦理与树木虐待问题》（J.L. Arbor, "Animal Chauvinism, Plant-Regarding Ethics And The Torture Of Trees", *Australian journal of philosophy*, vol. 64, no 3, sept. 1986, pp. 335-369）。

9 弗朗西斯·阿雷：《植物礼赞》，引用信息同前注，第 325 页。

10 关于植物感官的问题，参见丹尼尔·查莫维茨《植物知道生命的答案》，引用信息同前注；
以及理查德·卡尔班的《植物传感与通信》（Richard Karban, *Plant Sensing and Communication*, Chicago: The University of Chicago Press, 2015）。

然而，这些研究的局限性在于它们固执地想要"再发现"与动物的感知器官"相似"的器官，而不是尝试在植物及其形态学的基础上想象另一种感知的可能存在形式，以及另一种思考感觉与身体之间关系的方式。

11　马歇尔·达利：《"植物性"的本质》，引用信息同前注，第 354 页。

表面和暴露于世界的问题在以下著作中居于核心地位：古斯塔夫·费希纳《微子或植物的灵魂》，引用信息同前注；弗朗西斯·阿雷《植物礼赞》，引用信息同前注。关于植物与世界的关系问题，详见迈克尔·马尔德，《植物之思》，引用信息同前注，该书是最为深刻的探讨植物生命的本质的哲学著作。

2. 生命领域的延展

1　尤利乌斯·萨克斯：《植物生理学讲义》（Julius Sachs, *Vorlesungen über Pflanzen-Physiologie*, Leipzig: Verlag Wilhelm Engelmann），第 733 页。

2　安东尼·特里瓦弗斯：《植物智能的诸方面》（Anthony Trewavas, "Aspects of Plant Intelligence", *Annals of Botany*, 92[1], 2003, pp. 1-20），第 16 页。

另外亦可参考同上作者《植物的行为与智能》（Anthony Trewavas, *Plant Behaviour and Intelligence*, Oxford : Oxford University Press, 2014）。

3　亚里士多德：《论灵魂》，414a 25。

4　T. M. 伦顿、T. W. 达尔、S. J. 戴恩斯、B. J. W. 米尔斯、K. 奥萨基、M. R. 萨尔茨曼和 P. 波拉达：《最早的陆生植物造就了现代大气氧浓度水平》(T. M. Lenton, T. W. Dahl, S. J. Daines, B. J. W. Mills, K. Ozaki, M. R. Saltzman et P. Porada, "Earliest land plants created modern levels of atmospheric oxygen", *Proceedings of the National Academy of Sciences*, 113 [35] 2016, pp. 9704-9709）。

3. 论植物，或有灵的生命

1　这就是为什么植物是设计的重要灵感来源。参见雷纳托·布鲁尼的著作《魔法学徒的神奇花园：植物、灵感与仿生》（Renato Bruni, *Erba Volant. Imparare l'innovazione dalle piante*, Turin: Codice Edizioni, 2015）。

在植物工程学和物理学方面，参见卡尔·尼克拉斯的开创性著作《植物生物力学：植物形态与功能的工程学方法》（Karl J. Niklas, *Plant Biomechanics: An Engineering Ap-*

proach to Plant Form and Function, Chicago: The University of Chicago Press, 1992）；

以及同上作者《植物异速生长：形式与过程的比例》（Karl J. Niklas, *Plant Allometry: The Scaling of Form and Process*, Chicago: The University of Chicago Press, 1994）；

卡尔·尼克拉斯与汉斯－克里斯托夫·斯帕茨《植物物理学》（Karl J. Niklas et Hanns-Christof Spatz, *Plant Physics*, Chicago: The University of Chicago Press, 2012）。

2 关于现代自然哲学中的种子概念，参见平井浩的杰作《文艺复兴时期物质理论中的种子概念：从马尔西利奥·费奇诺到皮埃尔·伽桑狄》（Hiro Hirai, *Le Concept de semence dans les théories de la matière à la Renaissance: De Marsile Ficin à Pierre Gassendi*, Turnhout: Brepols, 2005）。

3 乔尔丹诺·布鲁诺：《论原因、本原与太一》（Giordano Bruno, *De la causa, principio et uno*, Giovanni Aquilec-chia[éd.], Turin: Einaudi, 1973），第 67—68 页。

4. 走向一种自然哲学

1 我们可以说近几个世纪的哲学并非始作俑者。追溯传统，苏格拉底才是迫使哲学"忽视整个自然"，从而"专注于"

研究"道德问题"（*peri ta ethika*）的第一人（亚里士多德，《形而上学》，987b 2）。多亏了他，柏拉图才有能力"把哲学从天上召唤下来，把它放进城邦，将它引入家庭，用它省察生活和道德、善与恶"（西塞罗，《图斯库兰论辩集》V，IV 10）。另见西塞罗《论学园派》I，IV，15。

2　比如参见伊恩·汉密尔顿·格兰特《一切都是原始胚芽或虚无：自然的深层场逻辑》（Iain Hamilton Grant, "Everything is Primal Germ or Nothing is: The Deep Field Logic of Nature", *Symposium: Canadian Journal of Continental Philosophy*, 19 [1], 2015, pp. 106-124）。

3　大学体系中的专业化建立在一个相互无知的体系之上：成为专家并不意味着对某一学科知道得更多，而是遵守了忽视其他学科的法律义务。

4　马里奥·翁特斯泰纳：《智者派：证言与残篇》（Mario Untersteiner, *I Sofisti: Testimonianze e Frammenti*, vol. I, Florence: La Nuova Italia, 1949），第 148 页 B2。

5　人类学做出的尝试令人钦佩，通过观察任何可能将自然再次人类化或社会化的运动，人类学努力在事后（*ex-post*）把自然送回到人文科学内部，在这个意义上，这种尝试似乎是对"后见之明"（esprit d'escalier）最天真的表达。实际上在所有这些尝试中，自然仍然停留在非人类的领域，因为它们既未清楚地表明"人类"究竟意指什么（在达尔文之后我们在此问题上获得确定性？），也没有说明非人类和人类在何种意义上相互对立（理性？语言？精神？）。非人类只是一个更复杂的新名词，却与更古老的词汇——"野兽""非理性""疯狂"——有所共鸣。柏拉图早就对这种划分提出过警告（《政治家篇》，263d）："或许存在着另一些智慧的动物，诸如鹤或其他某些类似的动物，它会像你那样用名称来划分事物，然后它就会把鹤作为一类，以与所有其他动物相对，它自顾自地将自己看作尊贵的，而把所有其他的，连同人一起，看作同一类型，而且很有可能也把它们命名为'野兽'。"普罗泰戈拉式假设似乎也昭示和启发了相反的同化运动，这种运动坚持把动物同化为人类，把那些被视为人类特有的属性归于其他动物物种。而在这种情况下，我们也已然预先确定了人类的轮廓，并认为自然是轮廓以外的剩余部分，即使事后急忙否认这种辩证的分配，也无从改变这种预设。如此一来，我们该如何"保持警惕，防止出现所有此类错误"呢？

6　这是布鲁诺·拉图尔在其代表作《科学在行动》（Bruno Latour, *La Science en action*, Paris: La Découverte, 1989）和《我们从未现代过》（*Nous n'avons jamais été modernes*, Paris: La Découverte, 1991）中给出的重要教谕之一。

关于从道德观点出发讨论技术的媒介问题，参见彼得·保罗·维贝克《将技术道德化：理解与设计物的道德》（Peter-Paul Verbeek, *Moralizing Technology: Understanding and Designing the Morality of Things*, Chicago: The University of Chicago Press, 2011）。

7 关于这个问题，参见瓦尔特·比梅尔的经典著作《海德格尔的世界观》（Walter Biemel, *Le Concept de monde chez Heidegger*, Paris/Louvain: Vrin/Nauwelaerts, 1950）。

关于哲学中的"世界"概念，参见雷米·布拉格的代表作《世界的智慧：人类宇宙观的演化》（Rémy Brague, *La Sagesse du monde. Histoire de l'expérience humaine de l'univers*, Paris: Fayard, 1999）。

8 雅各布·冯·尤克斯库尔：《动物界与人类界》（Jakob von Uexküll, *Milieu animal et milieu humain*, Paris: Rivages, coll. "Bibliothèque Rivages", 2010）。

5. 叶

1 塞尔吉奥·斯特凡诺·通齐格：《论生物进化：反刍与咀嚼》（Sergio Stefano Tonzig, *Sull'evoluzione biologica: Ruminazioni e masticature*, ms privé [propr. Giovanni Tonzig]），第18页。

2 这一观点可以追溯到歌德的《植物变形记》（Johann Wolfgang Von Goethe, *Essai sur la métamorphose des plantes*, Stuttgart: Cotta, 1831），详见其中第 97 页："无论植株是处于营养生长阶段，还是正在孕育果实和种子，总有同样的器官在兢兢业业地执行着大自然的神圣法则，哪怕它在植株不同的生长阶段发挥着不同的作用，形态通常也不尽相同。茎上扩展成叶的器官由于植株种类的不同，呈现出千差万别的各种形态，它其实也是那个收缩变形成花萼的器官，花萼再次扩展变形为花瓣，花瓣发生收缩变形成雄蕊，最终由雄蕊扩展孕育出果实。"

另参见洛伦兹·奥肯《自然哲学教程》（Lorenz Oken, *Lehrbuch der Naturphilosophie*, Iéna: Frommann, 1810），其中第 72 页写道："一片叶子是一棵完整的植物，具备所有的系统和形态，包括纤维、茎、节、枝和皮层。"

关于该争论的历史，参见艾格尼丝·阿尔伯的经典著作《植物形态的自然哲学》，引用信息同前注，以及同上作者《被子植物中叶与根的解读》（"The Interpretation of Leaf and Root in the Angiosperms", *Biological Review,* vol. 16, 1941, p.81-105）；

以及《歌德的植物学》（Agnes Arber, "Goethe's Botany", *Chronica Botanica*, vol. 10, n°2, pp. 63-126）。

另见 H. 乌蒂恩《叶片问题的历史》（H. Uitlien, "Histoire du problème de la feuille", *Recueil des travaux botaniques néerlandais*, vol. 36, n°2, 1940, pp. 460-472）。

有关该问题的更现代的讨论，参见 R. 萨特勒主编《植物构造的公理和原则：1981 年 8 月在澳大利亚悉尼召开的国际植物大会上的研讨会论文集》，（R. Sattler[éd.], *Axioms and Principles of Plant Construction: Proceedings of a Symposium held at the International Botanical Congress, Sydney, Australia, August 1981*, Dordrecht: Springer, 1982）；

内利马·辛哈《被子植物的叶片发育》（Neelima R. Sinha, "Leaf Development in Angiosperms", *Annual Review Plant Physiology and Molecular Biology,* n°50, 1999, pp. 419-446）；

塚谷裕一《被子植物的叶片发育比较》（Hirokazu Tsukaya, "Comparative Leaf Development in Angiosperms", *Current Opinion in Plant Biology*, n°17, 2014, pp. 103-109）。

有关叶的生物学的概述，参见斯蒂芬·沃格尔的杰作《一片叶子的生命》（Steven Vogel, *The Life of a Leaf*, Chicago: The University of Chicago Press, 2012）。

3　塞尔吉奥·斯特凡诺·通齐格：《论生物进化》，引用信息同前注，第 31 页。

6. 提塔利克鱼

1 该团队由爱德华·B.戴施勒（Edward B. Daeschler）、法里什·A.詹金斯（Farish A. Jenkins）和尼尔·H.舒宾（Neil H. Shubin）组成。详见佩尔·埃里克·阿尔伯格、珍妮弗·A.克拉克《古生物学：从水中到陆地的坚实一步》（Per Erik Ahlberg, Jennifer A. Clack, "Palaeontology: A Firm Step from Water to Land", *Nature*, 440.7085, 2006, pp. 747-749）；

爱德华·B.戴施勒、尼尔·H.舒宾、法里什·A.詹金斯《一种泥盆纪类四足动物的鱼类与四足动物身体结构的演化》（"A Devonian Tetrapod-like Fish and the Evolution of the Tetrapod Body Plan", *Nature* 440.7085, 2006, pp. 757-763）；

尼尔·H.舒宾、爱德华·B.戴施勒、法里什·A.詹金斯《提塔利克玫瑰鳍鱼的胸鳍与四足动物肢体的起源》（"The Pectoral Fin of Tiktaalik roseae and the Origin of the Tetrapod Limb", *Nature* 440.7085, 2006, pp. 764-771）；

尼尔·H.舒宾《你是怎么来的：35亿年的人体之旅》（*Your Inner Fish: The Amazing Discovery of our 375-million-year-old Ancestor*, Londres: Penguin Books, 2009）。

2　斯坦利·米勒和哈罗德·尤里：《原始地球上的有机化合物合成》（Stanley L. Miller et Harold Clayto Urey, "Organic Compound Synthesis on the Primitive Earth", *Science*, vol. 130, no.3370, 1959, pp. 245-251）。该实验证实了奥巴林（Aleksandr I. Oparin）和霍尔丹（John B. S. Haldane）提出的非遗传假说。

3　"原始汤"的概念最早出现在达尔文 1871 年 2 月 1 日写给植物学家约瑟夫·胡克（Joseph D. Hooker）的信中，其中提到了一个"温热的小水塘"（petit étang chaud），后来在奥巴林和霍尔丹的著作中该说法再次出现，他们提到了一种"热稀汤"（soupe chaude diluée）并将其作为生命的最初环境。参见霍尔丹《生命的起源》（"The Origin of Life", *Rationalist Annual*, 148, 1929, pp. 3-10）；

以及奥巴林《生命的起源》（*The Origin of Life*, New York: Macmillan Company, 1938）。

关于这个话题，参见安东尼奥·拉兹卡诺《起源研究的历史发展》（Antonio Lazcano, "Historical Development of Origins Research", *Cold Spring Harbor Perspectives in Biology*, 2 (11): a002089 doi: 10.1101/cshperspect.a002089）；伊里斯·弗莱《地球上生命的出现：历史与科学概述》（Iris Fry, *The Emergence of Life on Earth: A Historical and Sci-*

entific Overview, New Brunswick: Rutgers University Press, 2000）。

4　此为勒内·昆顿的著作《有机环境中的海水》（René Quinton, *L'Eau de mer en milieu organique: Constance du milieu marin originel comme milieu vital des cellules, à travers la série animale,* Paris: Masson，1904）真正的哲学内涵。作者在第 5 页写道："本书将先后论证以下两点：①细胞状态的动物生命首先出现在海洋中。②在整个动物学系列中，动物生命总是倾向于在海洋环境中保存构成每种有机体的细胞，因此，除目前可以忽略不计的、似乎仅仅指向低等和退化物种的少数例外情况外，每种动物有机体都是一个名副其实的海洋水族箱，构成它的细胞继续生活在其源起的水生环境中。"

7. 暴露于空气：大气的本体论

1　关于这个问题，参考书目浩如烟海。参见帕特里夏·根泽尔与黛安娜·爱德华兹主编《植物入侵陆地：演化与环境视角》（Patricia G. Gensel et Dianne Edwards[éd.], *Plants Invade the Land: Evolutionary & Environmental Perspectives*, New York: Columbia University Press, 2001）；

M. 韦科利、G. 克莱芒特与 B. 梅耶尔－贝尔托主编《陆
地化进程：模拟生物圈—地质圈界面的复杂交互》（M.
Vecoli, G. Clément et B. Meyer-Berthaud[éd.], *The Terrestri-
alization Process: Modelling Complex Interactions at the Bio-
sphere-geosphere Interface*, Londres: The Geological Society,
2010）；

约瑟夫·阿姆斯特朗《地球如何变绿：植物的 38 亿年简史》
（Joseph E. Armstrong, *How the Earth Turned Green: A Brief
3.8-Billion-Year History of Plants*, Chicago: The University of
Chicago Press, 2014）。

还可参阅植物演化史相关教材，其中包括凯西·威利斯的
《植物进化学》（Kathy J. Willis, *The Evolution of Plants*,
Oxford: Oxford University Press, 2002），尤其是其中的第二、
第三章；

以及托马斯·泰勒、伊迪丝·泰勒、迈克尔·克林斯《古
植物学：化石植物生物学导论》(T.N. Taylor, E.L. Taylor, M.
Krings, *Paleobotany: The Biology and Evolution of Fossil
Plants*, Burlington/Londres/San Diego/New York: Elsevier/
Academic Press, 2009）。

在近期的研究中，可参考以下论文：J. A. 拉文《植物与节
肢动物陆地适应问题的比较生理学》（J. A. Raven, "Com-

parative Physiology of Plant and Arthropod Land adaptation",
Philosophical Transactions of the Royal Society London, B
309, 1985, pp. 273-288）；

K. 保罗·肯里克与彼得·克里恩《陆地植物的起源与早
期演化》（Paul Kenrick et Peter R. Crane, "The Origin and
Early Evolution of Plants on Land", *Nature*, 389[6646], 1997,
pp. 33-39）；

J. 马丁·吉布林、尼尔·戴维斯《植物进化塑造下的古生
代地貌》（Martin Gibling et Neil Davies, "Paleozoic Land-
scapes Shapes by Plants Evolution", *Nature Geosciences,* 5,
2012, pp. 99-105）。

2　正如卡尔·尼克拉斯所言，植物生命的确立来自植物对
空气的入侵，而非对大地的入侵。参见他的巨著《植物
进化生物学》（Karl J. Niklas, *The Evolutionary Biology of
Plants*, Chicago: University of Chicago Press, 1997）。

3　R. B. 麦克诺顿、J-M. 科尔、R. W. 达尔林普尔、S. J. 布拉
迪、D. E. G. 布里格斯、T. D. 卢基：《陆地初探：加拿大
安大略省东南部寒武纪—奥陶纪风成砂岩中的节肢动物行
迹》（R. B. MacNaughton, J.-M. Cole, R. W. Dalrymple, S.
J. Braddy, D. E. G. Briggs, T. D. Lukie, "First Steps on Land:
Arthropod Trackways in Cambrian-Ordovician Eolian Sand-

stone, Southeastern Ontario, Canada", *Geology*, vol, 30，2002, pp. 391-394）。

4　西蒙·J. 布拉迪：《板足鲎古生态学：支持"集群蜕皮—交配"假说的古生物学、遗迹学及比较证据》（Simon J. Braddy, "Eurypterid Palaeoecology: Palaeobiological, Ichnological and Comparative Evidence for a 'Mass-moult-mate' hypothesis", *Palaeogeography, Palaeoclimatology, Palaeoecology*, 172, 2001, pp. 115-132）。

5　关于这个问题，参考书目同样卷帙浩繁。参见普雷斯顿·克劳德的一些基础性直觉《原始地球大气圈与水圈的演化》（Preston E. Cloud, "Atmospheric and Hydrospheric Evolution on the Primitive Earth", *Science,* 160, 1972, pp. 729-736）；

以及海因里希·霍兰德提供的直觉《早期原古代大气变化》（Heinrich D. Holland, "Early Proterozoic Atmospheric Change", *Early Life on Earth*, Stefan Bengston (éd.), New York, Columbia University Press, 1994, pp. 237-244A）；

同上作者《大气和海洋的含氧量》（"The Oxygenation of the Atmosphere and Oceans", *Philosophical Transactions of the Royal Society: Biological Sciences*, vol. 361, 2006, pp. 903-915）；

同上作者《大气层为何变得富氧：一项假说》（"Why the Atmosphere became Oxygenated: A Proposal", *Geochimica et Cosmochimica Acta,* 73, 2009, pp. 5241-5255）。

另外，唐纳德·坎菲尔德的佳作《生命之源：40 亿年进化史》（Donald E. Canfield, *Oxygen: A Four Billion Year History*, Princeton: Princeton University Press, 2014）可以帮助我们找准方向。

有关基于地质原因的大氧化事件的解释，参见 M. 维尔、J. D. 克拉默斯、T. F. 纳格勒、N. J. 比克斯、S. 施罗德、T. 迈泽尔、J. P. 拉卡西和 A. R. 沃格林《页岩中钼同位素与铼—铂族元素特征揭示 26—25 亿年前氧气逐渐增加的证据》（M. Wille, J. D. Kramers, T. F. Nagler, N. J. Beukes, S. Schroder, T. Meisel, J. P. Lacassie, A. R. Voegelin, "Evidence for a Gradual Rise of Oxygen between 2.6 and 2.5 Ga from Mo Isotopes and Re-PGE Signatures in Shales", *Geochimica et Cosmochimica Acta*, 71, 2007, pp. 2417-2435）。

关于这个问题的生物学解释，另见以下期刊文章：T. J. 阿尔吉奥、R. A. 伯尔纳、J. B. 梅纳德、S. E. 谢克勒《晚泥盆世海洋缺氧事件与生物危机：根源在于维管陆生植物的演化？》（T. J. Algeo, R. A. Berner, J. B. Maynard, S. E. Scheckler, "Late Devonian Oceanic Anoxic Events and Biotic

Crises: Rooted in the Evolution of Vascular Land Plants?",
GSA Today, 5, 1995, pp. 63-66）；

J. L. 基尔施温克、R. E. 科普《古元古代冰期与氧介导酶的
演化：光系统 II 晚期起源假说》（Joseph L. Kirschvink et
Robert E. Kopp, "Paleoproterozoic Ice Houses and the Evo-
lution of Oxygen-mediating Enzymes: The Case for a Late
Origin of Photosystem II", *Philosophical Transaction of the
Royal Society,* B 363, 2008, pp. 2755-2765）。

6　参见前注中引用的文献。

7　关于大气层概念的历史，参见克雷格·马丁《大气层的发明》
（Craig Martin, "The Invention of Atmosphere", *Studies in
History and Philosophy of Science,* A 52, 2015, pp. 44-54）。

8　参见雅各布·冯·尤克斯库尔《动物界与人类界》（Jakob
von Uexküll, *Milieu animal et milieu humain,* Paris: Pocket,
2004），第 13—15 页。

9　同上，第 15 页。亦可见雅各布·冯·尤克斯库尔《理论
生物学》第二版（*Theoretische Biologie*, 2ᵉéd., Berlin: J.
Springer, 1928），第 62 页："每个动物周围的空间就像
一个肥皂泡，动物就在这个肥皂泡中行动。"

10　雅各布·冯·尤克斯库尔：《理论生物学》，第 42 页。

11　雅各布·冯·尤克斯库尔：《动物界与人类界》，第 29 页。

12 雅各布·冯·尤克斯库尔：《生命论》（*Die Lebenslehre*, Potsdam: Müller & Kiepenheuer, 1930），第 134 页。

13 约翰·奥德林－斯米、凯文·拉兰德、马库斯·费尔德曼：《生态位构建：进化论中被忽视的过程》（F. J. Odling-Smee, K. N. Laland et M. W. Feldman, *Niche Construction: The Neglected Process in Evolution,* Princeton: Princeton University Press, 2003）。

生态位构建理论在很大程度上来源于 R. C. 列万廷的文章《生物体与环境》（R. C. Lewontin, "Organism and Environment", H. C. Plotkin [éd.], *Learning, Development and Culture*, New York: Wiley, 1982, pp. 151-170）；

以及同上作者《作为进化主体和客体的生物体》（"The Organism as the Subject and Object of Evolution", *Scientia*, vol. 118, 1983, pp. 65-82）；

同上作者《适应》（"Adaptation", Richard Levins et Richard Lewontin [éd.], *The Dialectical Biologist*, Cambridge: Harvard University Press, 1985, pp. 65-84）。

有关该问题的最新情况，见索尼娅·苏丹《有机体与环境：生态发展、生态位构建与适应》（Sonia E. Sultan, *Organism and Environment: Ecological Development, Niche Construction and Adaptation,* Oxford: Oxford University

Press, 2015）。

14 凯文·拉兰德：《延伸表型的再延伸》（"Extending the Extended Phenotype", *Biology and Philosophy*, vol. 19, 2004, pp. 313-325）；

凯文·拉兰德、约翰·奥德林－斯米、马库斯·费尔德曼：《生态位构建的进化后果及其对生态学的影响》（"Evolutionary Consequences of Niche Construction and their Implications for Ecology", *Proceedings of the National Academy of Sciences*, vol. 96, 1999, pp. 10242-10247）；

凯文·拉兰德、约翰·奥德林－斯米与斯科特·吉尔伯特（Scott F. Gilbert）：《进化发育生物学与生态位构建：架设理论桥梁》（"EvoDevo and Niche Construction: Building Bridges," *Journal of Experimental Zoology*, 310, 2008, pp. 549-566）。

15 G. G. 布朗、C. 费勒、E. 布兰查特、P. 德勒波特以及 S. S. 切尔尼扬斯基：《达尔文让蚯蚓变聪明，成为人类之友》（G. G. Brown, C. Feller, E. Blanchart, P. Deleporte et S. S. Chernyanskii, "With Darwin, Earthworms turn Intelligent and become Human Friends", *Pedobiologia*, vol. 47, 2004, pp. 924-933）。

16 查尔斯·达尔文：《腐殖土的产生与蚯蚓的作用》（Charles

Darwin, *The Formation of Vegetable Mould, through the Action of Worms, with Observations on their Habits*, London: John Murray, 1881），第 305 页。

17　同上，第 308—309 页。

18　同上，第 309—310 页。

19　同上，第 312 页。

20　金·斯特雷尼：《相互造就：有机体与它们的环境》（Kim Sterelny, "Made By Each Other: Organisms and Their Environment", *Biology and Philosophy,* vol. 20, 2005, pp. 21-36）。

21　有关动物文化的文献已相当丰富。请参阅：加文·R. 亨特、罗素·D. 格雷《新喀里多尼亚乌鸦工具制造的多样性与累积演化》（Gavin R. Hunt et Russell D. Gray, "Diversification and Cumulative Evolution in New Caledonian Crow Tool Manufacture", *Proceedings of the Royal Society*, B 270, 2003, pp. 867-874）；

凯文·拉兰德、威廉·霍皮特《动物有文化吗？》（Kevin N. Laland et William Hoppitt, "Do Animals have Culture?", *Evolutionary Anthropology*, vol. 12, 2003, pp. 150–159）；

凯文·拉兰德、小本内特·G. 盖勒夫合编《动物文化的问题》（Kevin N. Laland et Bennett G. Galef Jr. [éd.], *The*

Question of Animal Culture, Cambridge: Harvard University Press, 2009）；

卢克·伦德尔、哈尔·怀特海《鲸与海豚的文化》（Luke Rendell et Hall Whitehead, "Culture in Whales and Dolphins", *Behaviour and Brain Sciences*, vol. 24, 2001, pp. 309-324）；

戴维·F. 谢里、小本内特·G. 盖勒夫《无须模仿的社会学习》（David F. Sherry et Bennett G. Galef Jr, "Social Learning without Imitation", *Animal Behaviour*, vol. 40, 1990, pp. 987-989）；

安德鲁·怀滕、卡罗尔·P. 范沙伊克《动物"文化"与社会智力的演化》（Andrew Whiten et Carol P. Van Schaik, "The Evolution of Animal 'cultures' and Social Intelligence", *Philosophical Transactions of the Royal Society*, B 362, 2007, pp. 603-620）；

多米尼克·莱斯泰尔的重要且新颖的著作《文化的动物起源》（Dominique Lestel, *Les Origines animales de la culture*, Paris, Flammarion, 2001）。

22 参见约翰·奥德林－斯米、凯文·拉兰德以及马库斯·费尔德曼《生态位构建：进化论中被忽视的过程》，引用信息同前注，第 13 页："我们将第二种一般性遗传系统称为生态遗传。构建了生态位的祖先生物对自然选择压力有所改变并留给后代，全部这些遗产构成了生态遗传。生态遗传在几个重要方面不同于基因遗传。"

23　凯文·拉兰德：《延伸表型的再延伸》，引用信息同前注，第316页："有机物不仅从祖先那里获得了基因，还获得了生态遗传，即其基因祖先或生态祖先在生态位构建中对于自然选择压力的改变。生态遗传并不依赖任何环境复制者的在场，而只需要祖先生物所造成的物理变化在其后代的当地选择性环境中的（代际间）持续存在。因此，与基因遗传相比，生态遗传更接近于领土或财产的遗传。"

24　格奥尔基·高斯：《生存的竞争》（Georgyi F. Gause, *The Struggle for Existence,* Baltimore: Williams & Wilkins, 1934）。

关于生态位概念的历史，参阅阿诺·波什维尔的文章《生态位：历史与近期争议》第547—586页（Arnaud Pocheville, "The Ecological Niche: History and Recent Controversies", T. Heams, P. Huneman, G. Lecointre et M. Silberstein [éd.], *Handbook of Evolutionary Thinking in the Sciences*, New York: Springer, 2015, pp. 547-586）。

25　关于生态学中"影响"的概念，参见罗伯特·奈曼的经典文章《动物对生态系统动力学的影响》（Robert J. Naiman, "Animal Influences on Ecosystem Dynamics", *Bio-Science*, vol. 38, 1988, pp. 750-752），文章承认难以确定生物行动对环境的影响范围："作为一种普遍现象，这一过程既复杂又难以研究，因为许多动物的种群周期发生在较长时期内（如几十年）；生态系统在短时期内的改变是非常微小的（如树木死亡率增加或土壤成分改变）；生物地球化学循环或沉积物以及土壤特性的变化在短时期内（如几年）是无法察觉的。尽管如此，这些演替途径往往会产生一种异质景观，而这种景观在气候和地质单独起主导作用的情况下是不会出现的；它们需要动物活动的干预。"

26 参见 C. G. 琼斯、J. H. 劳顿与 M. 沙哈克的著名文章《生物作为生态系统工程师》（C. G. Jones, J. H. Lawton et M. Shachak, "Organisms as Ecosystem Engineers", *Oikos*, 69, 1994, pp. 373-386）："生态系统工程师是指通过引起生物或非生物物质的物理状态变化，直接或间接调节其他物种（除自身以外）的资源可用性。在此过程中，它们会改变、维持和（或）创造栖息地。生物体以活组织或死组织的形式向其他物种直接提供资源的行为不属于工程学范畴。相反，它是大多数当代生态学研究的内容，例如植物—食草动物—捕食者—猎物之间的相互作用、食物网研究和分解过程。"

27　查尔斯·邦尼特：《关于植物叶片用途的研究，以及与植物历史有关的几个问题》（Charles Bonnet, *Recherches sur l'usage des feuilles dans les plantes. Et sur quelques autres sujets relatifs à l'histoire de la végétation*, Göttingen/Leyde: Elie Luzac, 1754），第 47 页。

关于其追随者，参见伦纳德·科伦德·纳什《植物与大气层》（Leonard Kollender Nash, *Plants and the Atmosphere*, Cambridge: Harvard University Press, 1952）；

霍华德·格斯特《太阳光、黄瓜和紫色细菌：重温光合作用早期研究的历史里程碑》（Howard Gest, "Sun-beams, Cucumbers, and Purple Bacteria: Historical Milestones in Early Studies of Photosynthesis Revisited", *Photosynthesis Research*, 19, 1988, pp. 287-308）；

同上作者《光合作用研究史上"错置的一章"》（"A 'Misplaced Chapter' in the History of Photosynthesis Research: the Second Publication (1796) on Plant Processes by Dr. Jan Ingenhousz, MD, Discoverer of Photosynthesis", *Photosynthesis Research*, 53 1997, pp. 65-72）；

R. 戈文吉、霍华德·格斯特合编《庆祝千禧年——光合作用研究的历史亮点（第一部分）》（R. Govindjee, H. Gest [éd.], "Celebrating the millennium–historical highlights of photosynthesis research, Part 1", *Photosynthesis Research*, 73, 2001, pp. 1-308）；同上作者《庆祝千禧年——光合作用研究的历史亮点（第二部分）》（"Celebrating the millennium–historical highlights of photosynthesis research, Part 2", *Photosynthesis Research*, 76, 2003, pp. 1-462）；简·希尔《光合作用研究的早期先驱》（Jane Hill, "Early Pioneers of Photosynthesis Research", in J. Eaton-Rye, B. C. Tripathy, T. D. Sharkey [éd.], *Photosynthesis: Plastid Biology, Energy Conversion and Carbon Metabolism*, Dordrecht: Springer, 2012, pp. 771-800）。

关于 18 世纪的植物学，参见弗朗索瓦·德拉波特的重要研究《自然的第二领域：关于十八世纪植物问题的论文》（François Delaporte, *Le Second Règne de la nature: Essai sur les questions de végétalité au XVIIIe siècle,* Paris: Flammarion, 1979）。

另见克劳德·兰斯的巨著《呼吸与光合作用：一个等式的历史和秘密》（Claude Lance, *Respiration et photosynthèse: Histoire et secrets d'une équation*, Les Ulis: EDP Sciences, 2013）。

有关当前研究的介绍，参见雅克·法里诺、让-弗朗索瓦·莫罗-戈德里《光合作用：物理、分子和生理过程》（Jack Farineau et Jean-François Morot-Gaudry, *La Photosynthèse: Processus physiques, moléculaires et physiologiques*, Versailles: QUAE, 2011）。

28　约瑟夫·普里斯特利的文章《对不同种类空气的观察》（Joseph Priestley, "Observations on Different Kinds of Air", *Philosophical Transactions of the Royal Society of London*, 62, 1772, pp. 147-264），第 166 页。

29　同上，第 168 页。

30　同上，第 232 页。

31　同上，第 193 页。

32　扬·英恩豪斯：《关于植物的实验：发现它们在阳光下净化普通空气的巨大力量，以及在暗处和夜间破坏普通空气的巨大力量，并附有一种检验大气含盐量精确度的新方法》（Jan Ingenhousz, *Experiments upon Vegetables, Discovering their Great Power of Purifying the Common Air in the Sun-Shine, and of Injuring it in the Shade and at Night, to which is joined, a new Method of Examining the Accurate Degree of Salubrity of the Atmosphere*, Londres: Elmsly & Payne, 1779），第 12 页。

关于英恩豪斯本人，详见吉尔特·马吉尔《从阳光到洞察：扬·英恩豪斯、光合作用的发现以及光的生态学》（Geerdt Magiels, *From Sunlight to Insight: Jan Ingenhousz, the Discovery of Photosynthesis and Science in the Light of Ecology*, Bruxelles: VUBPress, Academic and Scientific Publishers, 2010）。

33 扬·英恩豪斯：《关于植物的实验》，引用信息同前注，第 9 页。

34 同上，第 14—16 页。

35 同上，第 14 页。

36 同上，第 31 页。

37 让·瑟讷比埃：《关于阳光改变自然界三大生命之影响的物理—化学论文》（Jean Senebier, *Mémoires physico-chimiques sur l'influence de la lumière solaire pour modifier les êtres des trois règnes de la nature*, Genève: Barthelemi Chirol, 1782）。

38 尼古拉-泰奥多尔·德·索绪尔：《关于植物的化学研究》（Nicolas Théodore de Saussure, *Recherches chimiques sur la végétation*, Paris: chez la veuve Nyon, 1804）。

39 尤利乌斯·罗伯特·冯·迈尔：《有机运动与新陈代谢的关系：对自然史的贡献》（Julius Robert von Mayer,

Die organische Bewegung im ihrem Zusammenhange mit dem Stoffwechsel. Ein Beitrag zur Naturkunde, Heilbronn: Drechsel'sche Buchhandlung, 1845）。

40 参见帮助理解光合作用化学动力的开创性研究：罗宾·希尔《离体叶绿体释放的氧气》（Robin Hill, "Oxygen Evolved by Isolated Chloroplasts", *Nature*, 139, 1937, pp. 881-882）；

同上作者《离体叶绿体产生的氧气》（"Oxygen Produced by Isolated Chloroplasts", *Proceedings of the Royal Society Biological Sciences*, B 127, 1939, pp. 192-210）。

41 亚瑟·洛夫洛克：《地球生理学：盖娅科学》（Arthur Lovelock, "Geophysiology. The Science of Gaia", *Reviews of Geophysics*, 27, 1989, pp. 215-222），第 216 页。

42 关于共生概念的历史，参见奥利维耶·佩吕《1868—1883 年左右共生研究的起源》（Olivier Perru, "Aux origines des recherches sur la symbiose vers 1868-1883", *Revue d'histoire des sciences*, 59 [1], 2006, pp. 5-27）。

关于共生起源的概念历史，参见丽娅·尼古拉耶芙娜·卡克希娜《共生起源的概念：俄罗斯植物学家的历史与批评研究》（Liya Nikolaevna Khakhina, *Concepts of Symbiogenesis: A Historical and Critical Study of the Research of Russian Botanists*, New Haven: Yale University Press, 1992）；以及鲍里斯·米哈伊洛维奇·科佐-波良斯基的经典之作《共生起源：进化的新原则》（Boris Mikhaylovich Kozo-Polyansky, *Symbiogenesis: A New Principle of Evolution*, Cambridge: Harvard University Press, 2010）。

有关这方面的当代进路，参见林恩·马古利斯的大作《细胞进化中的共生：太古宙与元古宙的微生物群落》，第二版（Lynn Margulis, *Symbiosis in Cell Evolution: Microbial Communities in the Archean and Proterozoic Eons*, 2e éd., New York: W. H. Freeman, 1993）；

同上作者《共生星球：进化的新视角》（*Symbiotic Planet: A New Look At Evolution*, New York: Basic Books, 1998）。

43 关于最后这一点，参见艾莉森·L. 斯坦纳等人《花粉作为大气云凝结核》（Allison L. Steiner *et alii*., "Pollen as Atmospheric Cloud Condensation Nuclei", *Geophysical Research Letters*, 42, 2015, pp. 3596-3602）。

44 克雷格·马丁：《大气层的发明》，引用信息同前注。

45 参见亚历山大里亚的斐洛《论语言的混乱》（Philon d'Alexandrie, *De confusione linguarum*, 184, II, Paul Wendland[éd.], *Philoni Alexandrini Opera quae supersunt* vol.2, Berlin: Reimer, 1897, P.264[S.V.F. II 472]）；

阿弗洛狄西亚的亚历山大《论混合与生长》（Alexandre d'Aphrodise, *Sur la mixtion et la croissance*, Jocelyn Groisard[trad.], Paris: Les Belles Lettres, 2013）。

关于混合的问题，参见约瑟林·格罗萨德的杰作《混合：从亚里士多德到辛普利修斯的希腊哲学中的混合问题》（Jocelyn Groisard, *Mixis. Le problème du mélange dans la philosophie grecque d'Aristote à Simplicius*, Paris: Les Belles Lettres, 2016）。

46 这几乎是目前所有关于思辨实在论的争论前提，遗憾的是，这些争论似乎只熟悉前两个世界概念，而完全忽视了世界作为混合体的概念。参见甘丹·梅亚苏《有限性之后》（Quentin Meillassoux, *Après la finitude*, Paris: Seuil, 2006）；

以及马库斯·加布里尔《为什么世界不存在》（Markus Gabriel, *Pourquoi le monde n'existe pas*, Paris: JC Lattès, 2014）。

47 阿弗洛狄西亚的亚历山大：《论混合与生长》，引用信息同前注，第6—7页。

48 约翰尼斯·斯托拜乌斯：《自然与伦理文摘》（Jean Stobée, *Eclogarum physicarum et ethicarum libri duo*, I, XII, 4），瓦克斯穆特（Wachsmut）版第153页24行暨《斯多葛学

派残篇集》（SVF）第二卷第 4/1 条。

乔治·康吉扬写道：“活着就是发出光芒，从一个自身无法被指涉而又不失其本义的参照中心出发来组织环境。”他因而也不自觉地转述了斯多葛学派的灵气概念（这一概念在文艺复兴时期引起了广泛反响）。参见乔治·康吉扬《生命的认识》（Georges Canguilhem, *La Connaissance de la vie*, Paris: Vrin, 2006），第 188 页。

8. 世界的呼吸

1 迪布纳收藏手稿（MS. 1031 B, Dibner Library of the History of Science and Technology, Smithsonian Institution Libraries, c. 3v）。

2 詹姆斯·洛夫洛克、林恩·马古利斯：《地球大气层的生物调节作用》（James Ephraim Lovelock et Lynn Margulis, "Biological Modulation of the Earth's Atmosphere", *Icarus*, 21, 1974, pp. 471-489），第 471 页；
另参见同上作者《由生物圈实现并为了生物圈的大气稳态：盖娅假说》（"Atmospheric Homeostasis by and for the Biosphere: the Gaia Hypothesis", *Tellus*, 26, 1974, pp. 2-10）。
关于盖娅假说的历史，参见迈克尔·鲁斯详实的梳理《盖娅：异教星球上的科学》（Michael Ruse, *Gaia: Science on a Pagan Planet*, Chicago: University of Chicago Press, 2013）。

3 詹姆斯·洛夫洛克、林恩·马古利斯：《地球大气层的生物调节作用》，引用信息同前注，第 485 页。

4 让·巴蒂斯特·德·拉马克：《水文地质学，或关于水对地球表面影响的研究；关于沼泽地存在、迁移及其在地球表面不同地点连续转移的原因；最后关于生命体对地球表面性质和状态的改变》（Jean-Baptiste de Lamarck, *Hydrogéologie, ou Recherches sur l'influence qu'ont les eaux sur la surface du globe terrestre; sur les causes de l'existence du bassin des mers, de son déplacement et de son transport successif sur les différens points de la surface du globe; enfin sur les changemens que les corps vivans exercent sur la nature et l'état de cette surface*, Paris: Agasse et Maillard, 1802），第 5 页。

5 同上，第 167—168 页："生命体及其产物的残渣不断被消耗、变形，最终变得面目全非……。雨水通过湿润、浸泡、冲刷和过滤，将各种完整的分子从生命体的残渣中分离出来，促进其性质改变，将它们带走，并在它们所达到的地方将其沉积下来。"

6 同上作者：《物理和自然历史论文集，根据独立于所有理
论的论证基础编写；附有关于溶解的一般原因、火药、
物体颜色、合成物的形成、矿物质的起源和生命体的组
织等新观点的阐述，文本为国家研究所第一课堂的例行
讲座中使用，附有在科学协会发表的演讲》（*Mémoires
de physique et d'histoire naturelle, établis sur les bases de
raisonnement indépendantes de toute théorie; avec l'expli-
cation de nouvelles considérations sur la cause générale des
dissolutions; sur la matière de feu; sur la couleur des corps;
sur la formation des composés; sur l'origine des minéraux, et
sur l'organisation des corps vivans, lus à la première classe
de l'Institut national dans ses séances ordinaires, suivis de
Discours prononcé à la Société Philomatique le 23 floréal an V,*
Paris, 1797），第 386 页。

7 参见让－巴蒂斯特·弗雷索的精彩文章《规避环绕物质：
化学、卫生学与周围事物的自由化（1750—1850）》
（Jean-Baptiste Fressoz, "Circonvenir les circumfusa: la
chimie, l'hygiénisme et la libé- ralisation des choses environ-
nantes[1750-1850]", *Revue d'histoire moderne et contempo-
raine,* 56(4), 2009, pp. 39-76）。

8 让－巴蒂斯特·布森戈与让－巴蒂斯特·杜马：《有机体

的化学静力学》(Jean-Baptiste Boussingault et Jean-Bap-
tiste Dumas, *Essai de statique chimique des êtres organisés*,
Paris: Fortin Masson, 1842),第 5—6 页。

9 弗拉基米尔·维尔纳茨基:《生物圈》(Vladimir I.
Vernadski, *The Biosphere*, New York: Copernicus, 1998),
第 122 页。

关于维尔纳茨基在生态思想史上的地位,参见让－保
罗·德莱亚热《生态学史》,第九章(Jean-Paul Deléage,
Une histoire de l'écologie, Paris: La Découverte, 1991, chap.
IX)。

10 弗拉基米尔·维尔纳茨基:《生物圈》,第 76 页。

11 同上,第 120 页。

12 同上,第 87 页。

13 同上,第 44 页。另外参见第 47 页:"生物圈可以被看
作是一个转化器区域,它将宇宙辐射转化为电能、化学能、
机械能、热能和其他形式的活性能量。所有恒星的辐射
都会进入生物圈,但我们只能捕捉和感知其中微不足道
的一部分;这些辐射几乎全部来自太阳。"

14 同上,第 50 页。

15 同上,第 57 页。

16 希波克拉底:《空气、水和环境》(Hippocrate, *Airs,*

eaux, lieux, Pierre Maréchaux[trad.], Paris: Rivages, coll. "Petite Bibliothèque Rivages", 1995）。

17 参见孟德斯鸠《论法的精神》（Montesquieu, *De l'esprit des lois*, 3ᵉ partie, livre XIV, chap.x, Paris: Flammarion, 1979, vol. I），第 382 页："不同气候下的不同需求产生了不同的生活方式；而这些不同的生活方式又产生了不同种类的法律。"

关于这一学说的历史，参见罗杰·梅西耶《〈论法的精神〉中的气候理论：批判性反思》（Roger Mercier, "La théorie des climats des Réflexions critiques à L'Esprit des lois", *Revue d'histoire littéraire de la France*, vol. 58, 1953, pp. 17-37 et 159-175）。

18 约翰·戈特弗里德·赫尔德：《关于人类历史哲学的思想》，第六卷（Johann G. Herder, *Ideen zur Philosophie der Geschichte der Menschheit*, Francfort-sur-le-Main: Deutsche Klassiker Verlag, 1989）。

19 和辻哲郎：《风土》（Watsuji Tetsurô, *Le Milieu humain*, Augustin Berque[trad.], Paris: CNRS Éditions, 2011）。

关于和辻哲郎，参见罗伯特·N. 贝拉的文章《日本的文化认同：对和辻哲郎著作的一些思考》（Robert N. Bellah, "Japan's Cultural Identity: Some Reflections on the Work

of Watsuji Tetsur ō ", *The Journal of Asian Studies*, 24, 1965,
pp. 573-594）；

奥古斯丁·贝尔克《和辻哲郎思想中的环境与场所逻辑》

（Augustin Berque, "Milieu et logique du lieu chez Watsuji",
Revue philosophique de Louvain, 92, 1994, pp. 495-550）；

格雷厄姆·梅达《和辻哲郎、九鬼周造和马丁·海德
格尔哲学中的时间、空间与伦理》（Graham Mayeda,
*Time, Space and Ethics in the Philosophy of Watsuji Tetsurō,
Kuki Shuzo, and Martin Heidegger*, New York: Routledge,
2006）。

20　让－巴蒂斯特·杜博：《诗与画的批判反思》，第二
部（Jean-Baptiste Dubos, *Réflexions critiques sur la poé-
sie et sur la peinture*, IIᵉ partie, Paris: Chez Jean Mariette,
1719），第 205 页。

21　埃德姆·居约：《微观宇宙的新体系或关于人之本质的
论文》（Edme Guyot (ps Sieur de Tymogue), *Nouveau sys-
tème du Microcosme ou Traité de la nature de l'homme*, La
Haye: M. G. de Merville, 1727），第 246 页。

22　格奥尔格·齐美尔：《社会学：关于社会化形式的研究》

（Georg Simmel, *Sociologie: Études sur les formes de la so-
cialisation*, Paris: PUF, 1999），第九章，第 639 页。

关于齐美尔，参见芭芭拉·卡尔内瓦利《知觉与社会自尊：西美尔与认可的审美维度》（Barbara Carnevali, "Aisthesis et estime sociale. Simmel et la dimension esthétique de la reconnaissance", *Terrains/Théories*, 4, 2016）。该文于2016 年 8 月 19 日发布于网络，网址：http://teth.revues.org/686。

23　彼得·斯洛特戴克：《球体 I：气泡——微观球体空间学》（Peter Sloterdijk, *Sphères I: Bulles. Microsphérologie*, Olivier Mannoni[trad.], Paris: Pauvert, 2002），第 52 页。

24　同上，第 51 页。

25　格诺特·波默：《作为新美学基本概念的气氛》（Gernot Böhme, "Atmosphere as the Fundamental Concept of a New Aesthetics", *Thesis Eleven*, 36, 1993, pp. 113-126），第 113页。

另见同上作者的经典著作《气氛：新美学论文集》（Gernot Böhme, *Atmosphäre: Essays zur Neuen Ästhetik*, Francfort-sur-le-Main: Surhkamp, 1995）。

关于这一概念的全貌，参见托尼诺·格里费罗《气氛：情感空间的美学》（Tonino Griffero, *Atmospheres. Aesthetics of Emotional Spaces*, Farnham: Ashgate, 2014）。

关于这个概念从法律角度做出的激进解读，见安德烈亚斯·菲利波普洛斯－米哈洛普洛斯的非常重要的著作《空间正义：身体、法律景观、气氛》（Andreas Philippopoulos-Mihalopoulos, *Spatial Justice: Body, Lawscape, Atmosphere*, Londres: Routledge, 2015）。

26 莱昂·都德：《忧郁症》（Léon Daudet, *Mélancholia,* Paris: Bernard Grasset, 1928），第 32 页。

关于都德，参见芭芭拉·卡尔内瓦利《"灵晕"与"氛围"：莱昂·都德在普鲁斯特与本雅明之间》（Barbara Carnevali, "'Aura' e 'Ambiance': Léon Daudet tra Proust e Benjamin", *Rivista di Estetica*, 46, 2006, pp. 117-141）。

27 莱昂·都德：《忧郁症》，第 16 页。

28 同上，第 86 页。

29 同上，第 25 页。

9. 万物寓于万物之中

1 在《球体 I：气泡——微观球体空间学》中，彼得·斯洛特戴克使用了"双向混合"的说法（他承认这来源于"斯多葛派的物体混合学说一脉"），但他更愿意把重点放在大马士革的圣约翰（Jean Damascène）所提供的神学版本，即三位一体中的"互渗"（perichoresis）概念。这一选择具有深远的影响。首先，与斯洛特戴克所写的不同，神圣的混合概念并没有"表达实体在同一空间内非等级化和非排他性的混合"（《气泡》，第645页）；相反，整个新柏拉图传统以及随后的基督教传统，都试图在混合的概念中引入等级秩序（圣父与心灵不在也不可能在同一层级上）。此外，这两个传统都试图将混合的可能性限制在精神实体中，为的是使混合成为精神的而非肉体本身的属性；因此，斯洛特戴克的混合是一个纯粹的人类学（或神学）空间，是宇宙主体之间精神关系的形象，而非任何属于世间存在者的普通生理现象。这也是为什么他似乎忽视或无视了阿那克萨哥拉学派相关文献的重要性。

关于新柏拉图主义和基督教神学对混合概念的接受，参见约瑟兰·格罗萨德的重要著作《混合：从亚里士多德到辛普利修斯的希腊哲学中的混合问题》，引用信息同前注，第225—292页。

2 奥古斯丁，《忏悔录》，第十卷，15—16。

3 谢林的进路在这种意义上也是不足够的。关于谢林和德国观念论的自然哲学，参见伊恩·汉密尔顿·格兰特的杰作《谢林之后的自然哲学》（Iain Hamilton Grant, *Philosophy of Nature after Schelling*, Londres: Bloomsbury, 2006）。

4 娜塔莎·迈尔斯：《光合作用》（Natasha Myers, "Photo-

synthesis", *Theorizing the Contemporary, Cultural Anthropology*, http://culanth.org/fieldsights/790-photosynthesis）。

5　这也是克里斯托弗·博纳伊与让－巴蒂斯特·弗雷索的杰作《人类世事件：地球、历史与我们》（Christophe Bonneuil et Jean-Baptiste Fressoz, *L'Événement anthropocène. La Terre, l'histoire et nous*, Paris: Seuil, 2016）当中的论点。

10. 根

1　霍华德·J. 迪特默：《冬黑麦根与根毛的定量研究》（Howard J. Dittmer, "A Quantitative Study of the Roots and Root Hairs of a Winter Rye Plant [Secale cereale]", *American Journal of Botanics*, 24, 1937, pp. 417-420）。

2　至少直到泥盆纪末期，维管植物似乎仍未发展出根轴，参见 J. A. 拉文和黛安娜·爱德华兹《根系：进化起源和生物地球化学意义》（J. A. Raven et Diane Edwards, "Roots: Evolutionary Origins and Biogeochemical Significance", *Journal of Experimental Botany*, 52, 2001, pp. 381-401）；

　　P. G. 根泽尔、M. 科蒂克、J. F. 贝辛格《早泥盆世（布拉格阶—埃姆斯阶）植物地上与地下结构的形态学研究》（P. G. Gensel, M. Kotyk et J.F. Basinger, "Morphology of

Above-and Below-Ground Structures in Early Devonian [Pragian-Emsian]", P. G. Gensel et D. Edwards [éd.], *Plants invade the Land : Evolutionary and Environmental Perspectives*, New York: Columbia University Press, pp. 83-102）；

努诺·D. 皮雷斯、利亚姆·多兰《陆生植物的形态演化：旧基因的新设计》（Nuno D. Pires et Liam Dolan, "Morphological Evolution in Land Plants: New Designs with old Genes", *Philosophical Transactions of Royal Society*, B 367, 2012），第 508—518 页（特别是第 511—512 页）；

保罗·肯里克、克里斯蒂娜·斯特鲁－德里安《根的起源与早期演化》（Paul Kenrick et Christine Strullu-Derrien, "The Origin and Early Evolution of Roots", *Plant Physiology*, 166, 2014, pp. 570-580）；

保罗·肯里克《根的起源》（Paul Kenrick, "The Origin of Roots", A. Eshel et T. Beeckman [éd.], *Plant Roots: The Hidden Half*, 4e éd., Londres: Taylor & Francis, 2013, pp. 1-13），该篇文章绝对具有决定性意义，并包含大量参考书目。

3　加尔·W. 罗斯韦尔、戴安娜·M. 欧文：《古代植物的根状体：石松类植物固着器官的同源性问题》（Gar W. Rothwell et Diane M. Erwin, "The Rhizomorph of Paurodendron, Implications for Homologies among the Rooting Organs of the

Lycopsida", *American Journal of Botany*, 72, 1985, pp. 86-98）；

利亚姆·多兰：《陆地上的形体构建——陆生植物的形态演化》（Liam Dolan, "Body Building on Land – Morphological Evolution of Land Plants", *Current opinion in plant biology*, 12, 2009, pp. 4-8）。

4　这个形象的起源非常古老。关于这个问题，参见卡里－马丁·埃德斯曼《倒置之树：救世主、世界与人类作为天界植物》（Cari-Martin Edsman, "Arbor inversa. Heiland, Welt und Mensch als Himmelspflanzen", *Festschrift Walter Baetke dargebracht zu seinem 80. Geburtstag am 28. Marz 1964*, Weimar, 1966, pp. 85-109）；

以及卢西安娜·雷皮奇《颠倒的人：希腊思想中的植物》（Luciana Repici, *Uomini capovolti. Le piante nel pensiero dei greci,* Bari: Laterza, 2000）。

5　亚里士多德：《论灵魂》，第二卷，第四章，416 a 2 sq.。

6　阿威罗伊：《亚里士多德〈论灵魂〉评注》（Averroès, *Commentarium Magnum in Aristotelis «De Anima» libros*, Crawford[éd.], CCAA versio Latina vol. VI, 1, Cambridge, 1953），第 190 页。

7　孔什的纪尧姆：《哲学辨微》（*Dragmaticon [Dragmaticon*

Philosophiae 6.23.4] in Opera omnia, vol. 1, Italo Ronca[éd.], CCCM 152, Turnout: Brepols, 1997），第 259 页；

里尔的阿兰：《神学术语区分集》（Alain de Lille, *Liber in distinctionibus dictionum theologicalium*, in MPL 210 c. 707-708）；

亚历山大·内克姆：《事物本性论》卷 2（Alexander Neckam, *De naturis rerum* 2, 152 ed Wright 232）；

胡戈·里普林：《神学真理概要》卷 2（Hugo Ripelin, *Compendium Theologicae Veritatis* 2, 57, Pais[éd.], t. 34），第 78a 页。

这确实是各种形式的知识和写作中的常见现象，例如参见科尔内留斯·阿·拉皮德《〈但以理书〉注疏》（Cornelius a Lapide, *Commentaria in Danielem Prophaetam*, cap. IV, v. 6, *Commentaria in quatuor Prophetas Maiores, Apud Henricum et Cornelium Verdussen*, MDCCIII, P.1298），第 1298 页；

同上作者《〈马可福音〉注疏》（*Commentaria in Marcum*, cap. VIII, *Commentarius in evangelia*, 2e éd., MDCCXVII, Venise: Hieronymi Albritii venetiis），第 461 页。

对于弗朗西斯·培根的说法，参见《新工具论》（*Novum Organum, Collected Works of Francis Bacon*, vol. 7, part 1），第 278—279 页。

8 卡尔·冯·林奈：《植物学论》（Carl von Linné, *Philosophia Botanica in qua explicantur Fundamenta Botanica*, Vienne: Ioannis Thomae Trattner, 1763），第 97 页："古人言植物是倒立的动物"。

9 查尔斯·达尔文：《植物运动的力量》（Charles Darwin, *La Faculté motrice dans les plantes*, Paris: Reinwald, 1882），第 581 页。

另外参见 F. 巴卢斯卡、S. 曼库索，迪特·福尔克曼和彼得·巴洛《查尔斯·达尔文与弗朗西斯·达尔文的"根－脑"假说：沉寂 125 年后的复兴》（F. Baluška, S. Mancuso, D. Volkmann et P.W. Barlow, "The 'Root-brain' Hypothesis of Charles and Francis Darwin Revival after more than 125 Years", *Plant Signaling & Behavior*, 12, 2009, pp. 1121-1127）。

10 参见安东尼·特里瓦弗斯《植物的行为与智能》（Anthony J. Trewavas, *Plant Behaviour and Intelligence*, Oxford: Oxford University Press, 2014）；斯特凡诺·曼库索与亚历山德拉·维奥拉《植物比你想的更聪明：植物智能的探索之旅》（Stefano Mancuso et Alessandra Viola, *Verde brillante: Sensibilità e intelligenza nel mondo vegetale*, Florence: Giunti, 2013）。

11 巴卢斯卡、沙伊·莱夫－亚顿和 S. 曼库索：《植物根系的群体智能》（F. Baluška, S. Lev-Yadun ct S. Mancuso, "Swarm Intelligence in Plant Roots", *Trends in Ecology and Evolution*, 25, 2010, pp. 682-683）；

巴卢斯卡、马特奥·奇扎克、达尼埃莱·科帕里尼、布鲁诺·马佐莱、F. T. 阿雷基、托马什·维切克等：《植物根系的群体行为》(M. Ciszak, D. Comparini, B. Mazzolai, F. Baluška, F.T. Arecchi, T. Vicsek, et alii, *Swarming Behavior in Plant Roots,* PLoS ONE 7[1]: e29759.doi: 10.1371/journal. pone.0029759, 2012）。

有关该主题的文献已变得极为丰富，尤其参见巴卢斯卡、曼库索、福尔克曼和巴洛《根尖作为植物指挥中心：根尖过渡区的独特"类脑"地位》（F. Baluška, S. Mancuso, D. Volkmann et P.W. Barlow, "Root Apices as Plant Command Centres: The Unique 'Brain-like' Status of the Root Apex Transition Zone", *Biologia,* 59, 2004, pp. 9-17）；

埃里克·布伦纳、R. 施塔尔伯格、S. 曼库索、J. 维万科、巴卢斯卡和伊丽莎白·范·沃尔肯伯格《植物神经生物学：植物信号传导的综合视角》（E. Brenner, R. Stahlberg, S. Mancuso, J. Vivanco, F. Baluška et E. Van Volkenburgh, "Plant Neurobiology: An Integrated View of Plant Signaling", *Trends of Plant Science*, 11, 2006, pp. 413-419）；

巴卢斯卡和曼库索《从刺激感知到植物适应性行为的植物神经生物学：通过综合化学和电信号》（F. Baluška et S. Mancuso, "Plant Neurobiology from Stimulus Perception to Adaptive Behavior of Plants, via Integrated Chemical and Electrical Signaling", *Plant Signaling & Behavior*, 6, 2009, pp. 475-476）；

A. 阿尔皮、N. 安赖因、A. 贝特尔、M. R. 布拉特、E. 布鲁姆瓦尔德、F·切尔沃内等《植物神经生物学：没有大脑，就没有收获？》（A. Alpi, N. Amrhein, A. Bertl, M. R. Blatt, E. Blumwald, F. Cervone, et alii., "Plant Neurobiology: No Brain, No Gain?", *Trends in Plant Science*, 12, 2007, pp. 135-136）；

E. D. 布伦纳、R. 施塔尔伯格、S. 曼库索、巴卢斯卡和伊丽莎白·范·沃尔肯伯格《植物神经生物学：收获不仅仅是个名称》（E. D. Brenner, R. Stahlberg, S. Mancuso, F. Baluška et E. Van Volkenburgh, "Plant Neurobiology: The gain is more than the Name", *Trends in Plant Sciences*, 12, 2007, pp. 285-286）；

巴洛《对"植物神经生物学"的反思》（P.W. Barlow, "Reflections on 'Plant Neurobiology'", *BioSystems*, 92, 2008, pp. 132-147）；

巴卢斯卡主编《植物与环境的交互：从感官植物生物学到主动植物行为》（F. Baluška [éd.], *Plant-Environment Interactions: From Sensory Plant Biology to Active Plant Behavior*, Berlin/New York: Springer Verlag, 2009）；

巴卢斯卡与曼库索主编《植物的信号传递》（F. Baluška, S. Mancuso [éd.], *Signalling in Plants*, Berlin/New York: Springer Verlag, 2009）。

另外参见 P. 卡尔沃最新的论证《植物神经生物学哲学：一份宣言》（P. Calvo, "The Philosophy of Plant Neurobiology: A Manifesto", *Synthese*, 193, 2016, pp. 1323-1343）。

12 安东尼·特里瓦弗斯试图定义一种非大脑智能的概念，以反对维托西克（Vertosick）所说的大脑沙文主义。参见安东尼·特里瓦弗斯《植物的行为与智能》，引用信息同前注，第 201 页；

以及同上作者《植物智能的方方面面》（"Aspects of Plant Intelligence", *Annals of Botany*, 92, 2003, pp. 1-20）；

弗兰克·维托西克《内在的天才：发现每一个生命的智慧》（Frank T. Vertosick, *The Genius Within. Discovering the Intelligence of Every Living Thing*, New York: Harcourt, 2002）。

关于对特里瓦弗斯假设的一些（非常微弱的）批评，参见理查德·费恩《植物智能：一种替代观点》（Richard Firn, "Plant Intelligence: An Alternative Viewpoint", *Annals of Botany*, 93, 2003, pp. 475-481）；

F. 采尔切科娃、H. 利帕夫斯卡和 V. 扎尔斯基《植物智能：为何、为何不或何处》（F. Cvrčková, H. Lipavská et V. Žárský, "Plant Intelligence: Why, Why not or Where?", *Plant Signal Behaviour*, 4 [5], 2009, pp. 394-399）。

地球作为大脑的观点在马歇尔·麦克卢汉的后期著作中经常出现，参见《大脑与媒介："西半球"》（Marshall McLuhan, "The Brain and the Media: The 'Western' Hemisphere", *Journal of communication*, vol. 28, 1978, pp. 54-60）。

13　多夫·科勒非常明确地指出："在这方面，除极少数外的所有植物都是强制性的两栖生物，其身体的一部分永久处于空气环境中，其余部分则在土壤中。植物的这种结构分化是以功能为基础的。"见多夫·科勒《不安的植物》（Dov Koller, *The Restless Plant*, Elizabeth Van Volkenburgh [éd.], Cambridge: Harvard University Press, 2011），第1页。

关于人类学中本体论意义上的两栖概念，参见埃本·柯克西的佳作《新兴生态学》（Eben Kirksey, *Emergent*

Ecologies, Durham: Duke University Press, 2015）, 以及勒
内·滕·博斯《走向两栖人类学：水与彼得·斯洛特戴克》
（René ten Bos, "Towards an Amphibious Anthropology：
Water and Peter Sloterdijk", *Society and Space*, 27, 2009, pp.
73-86）。

但在这种情况下，正如生物学中对此概念的正统用法一
样，它预设了生物是在两个或更多环境中连续栖息的。

14 尤利乌斯·萨克斯：《论直生和斜生植物器官》（Julius
Sachs, "Über Orthotrope und Plagiotrope Pflanzenteile",
Arbeiten des Botanischen Instituts in Würzburg 2, 1882, pp.
226-284）。

15 关于向重力性（gravitropisme），除被引用过的查莫维
茨、卡尔班和科勒的著作外，参见特奥菲尔·切谢尔斯
基的经典著作《根的向下弯曲研究：对植物生物学的
贡　献 1》（Theophil Ciesielski, *Untersuchungen über die
Abwärtskrümmung der Wurzel. Beiträte zur Biologie der
Pflanzen 1*, 1872）, 第 1—30 页；

彼得·巴洛《植物的重力感知：进化衍生的多元系统？》
（Peter W. Barlow, "Gravity Perception in Plants: A Multi-
plicity of Systems Derived by Evolution?", *Plant, Cell and
Environment*, 18, 1995, pp. 951-962）;

R. 陈、E. 罗森与 P. H. 马松《高等植物的向重力性》（R. Chen, E. Rosen et P. H. Masson, "Gravitropism in Higher Plants", *Plant Physiology*, 120, 1999, pp. 343-350）；

C. 沃尔弗顿、H. 石川与 M. L. 埃文斯《根系向重力性动力学：双重运动与传感机制》（C. Wolverton, H. Ishikawa et M. L. Evans, "The Kinetics of Root Gravitropism: Dual Motors and Sensors", *Journal of Plant Growth Regulation*, 21, 2002, pp. 102-112）；

R. M. 佩兰、L. S. 杨、N. 穆提、B. R. 哈里森、Y. 王、J. L. 威尔与 P. H. 马松《初生根的重力信号转导》（R. M. Perrin, L.-S. Young, N. Murthy, B.R. Harrison, Y. Wang, J. L. Will et P. H. Masson, "Gravity Signal Transduction in Primary Roots", *Annals of Botany,* 96, 2005, pp. 737-743）；

森田美代《向重力性中的定向重力感知》（Miyo Terao Morita, "Directional Gravity Sensing in Gravitropism", *The Annual Review of Plant Biology*, 61, 2010, pp. 705-720）。

16 奥古斯丁·彼拉姆斯·德堪多：《植物器官图解或植物器官详细描述》（Augustin Pyramus de Candolle, *Organographie végétale ou Description raisonnée des organes des plantes*, Déterville 1827），第 240 页。

这个主题已经是亚里士多德式的了。见亚里士多德《论灵魂》，第二卷，第四章，416a 2 sq. "恩培多克勒［关于植物生长］的补充说明是错误的。他论述道，植物的生长应该这样解释，根的向下生长源于土下行的自然趋向，而其枝的向上生长则是源于火上行的与此类似的自然趋向。"

17 参见托马斯·安德鲁·奈特《论种子在发芽过程中根尖与胚芽的方向》（Thomas Andrew Knight, "On the Direction of the Radicle and Germen during the Vegetation of Seeds", *Philosophical Transactions of the Royal Society*, 99, Londres, 1806, pp. 108-120），第 108 页。

在奈特之前，亨利－路易·杜默·德·孟梭曾经试图解释为什么"堆放在潮湿场所的橡子会发芽，而且人们不断观察到，无论这些橡子处于什么情况，所有的胚根都朝向地下，……而橡子的所有羽毛都朝向上方。"见亨利－路易·杜默·德·孟梭《树木物理学，兼论植物解剖学与植物生理学》（Henri-Louis Duhamel de Monceau, *La Physique des arbres, où il est traité de l'anatomie des plantes et de l'économie végétale*, Paris: Guérin et Delatour, 1758），第 137 页。

18 尤利乌斯·萨克斯：《论直生和斜生植物器官》，引用信息同前注。

19　查尔斯·达尔文：《植物运动的力量》，引用信息同前注，
　　第 199、575 页。

20　多夫·科勒：《不安的植物》，引用信息同前注，第 46 页。

21　查尔斯·达尔文：《植物运动的力量》，引用信息同前注，
　　第 200 页。

22　弗里德里希·尼采：《查拉图斯特拉如是说》（Friedrich
　　Nietzsche, *Ainsi parlait Zarathoustra*, Maël Renouard[trad.],
　　Paris: Rivages, coll. "Petite Bibliothèque Rivages", 2002），
　　第 33 页。中译参考钱春绮译本，北京，三联书店出版社，
　　2007 年，第 7 页。

23　亚里士多德：《论植物》（*De Plantis*），817b 20—22。

11. 深处，即是星辰

1　克利门特·季米里亚泽夫：《植物的生命：通识十讲》
　　（Kliment Timiryazen, *The Life of the Plants. Ten Popular
　　Lectures*, Moscou: Foreign Languages Publishing House,
　　1953），第 341 页。另见第 188 页："叶绿体是连接太阳
　　和地球上所有生物的纽带"。

2　尤利乌斯·迈尔：《有机运动与新陈代谢的关系：对自
　　然史的贡献》（Julius Mayer, *Die organische Bewegung im*

ihrem Zusammenhange mit dem Stoffwechsel: Ein Beitrag zur Naturkunde, Heilbronn: Drechsler'sche Buchhandlung, 1845），第 36—37 页。

3 弗里德里希·尼采：《查拉图斯特拉如是说》，引用信息同前注，第 33—34 页。中译参见钱春绮译本，第 8 页。

4 自德勒兹和伽塔利提出地心哲学以来，这种地心说就变得明确了。参见吉尔·德勒兹与费利克斯·伽塔利《什么是哲学？》（Gilles Deleuze et Félix Guattari, *Qu'est-ce que la philosophie?*, Paris: Minuit, 1999）；

雷·布拉西耶《虚无的解缚：启蒙与灭尽》（R. Brassier, *Nihil Unbound. Enlightenment and Extinction*, Londres: Palgrave, 2007）；

尤金·萨克尔《在这个星球的尘埃中》（Eugene Thacker, *In the Dust of this Planet. Horror of Philosophy*, vol 1, Winchester: Zero Books, 2011）；

本·伍达德《无根基的地球之上：迈向新的地理哲学》（Ben Woodard, On an Ungrounded Earth, Towards a New Geophilosophy, New York, Punctum Books, 2013）。

在这一趋势中，彼得·森迪的著作《地外的康德：宇宙政治哲学》（Peter Szendy, Kant chez les extraterrestres. Philophictions cosmopolitiques, Paris: Minuit, 2011）是个例外。

5　埃德蒙·胡塞尔：《地球不动》（Edmond Husserl, *La Terre ne se meut pas*[1934], D. Franck, D. Pradelle et J.- F. Lavigne[trad.], coll. "Philosophie", Paris: Minuit, 1989），第 15—16 页。

6　同上，第 12 页。

7　同上，第 19 页。

8　同上，第 23 页。

9　同上，第 21 页。

10　同上，第 27 页。

11　吉尔·德勒兹与费利克斯·伽塔利：《什么是哲学？》，引用信息同前注，第 82 页。

12　尼古拉·哥白尼：《天体运行论》（Nicolaus Copernicus, *De revolutionibus libri sex*, I.10, Gesamtausgabe, H.M. Nobis et B. Sticker [éd.], vol. II, Hildesheim, 1984），第 20 页。中译参考的是叶式辉译本，北京大学出版社，2006 年。关于哥白尼革命之意义的文献浩如烟海。参见米歇尔 - 皮埃尔·勒纳《球体世界 II. 古典宇宙的终结 II：古典宇宙的终结》（Michel-Pierre Lerner, *Le Monde des sphères II. La fin du cosmos classique II : La fin du cosmos classique*, Paris: Les Belles Lettres, 2008）；

亚历山大·柯瓦雷《天文学革命：哥白尼、开普勒、博雷利》

(Alexandre Koyré, *La Révolution astronomique: Copernic, Kepler, Borelli*, Paris: Les Belles Lettres, 2016）；

托马斯·库恩《哥白尼革命》（Thomas S. Kuhn, *La Révolution copernicienne*, Paris: Les Belles Lettres, 2016）。

13　此为乔尔丹诺·布鲁诺根据哥白尼的结论所做出的论断："总之，地球是行星之一，它被天空恰当而深刻地包围着，就像其他任何东西从不同的方向被包围着一样"，摘自乔尔丹诺·布鲁诺《康布雷论辩集》（Giordano Bruno, *Camoeracensis Acrotismus, Opera latine conscripta*, Naples: F. Fiorentino, 1971, art. LXV）。

关于布鲁诺和哥白尼，参见以下佳作：米格尔·格拉那达《1588年的宇宙学辩论：布鲁诺、布拉赫、罗丹、乌苏斯、罗斯林》（Miguel A. Granada, *El debate cosmologico en 1588. Bruno, Brahe, Rothann, Ursus, Röslin*, Naples: Bibliopolis, 1996）；

以及同上作者《坚固的球体和流动的天空：16世纪下半叶宇宙学辩论的瞬间》（*Sfere solide e cielo fluido: momenti del dibattito cosmologico nella seconda metà del Cinquecento*, Milan: Guerini e Associati, 2002）。

14　关于截然不同但极其激进且新颖的宇宙中心主义观点，参见法比安·卢杜埃纳的杰作《超越人类学原理：走向一种外部的哲学》（Fabian Ludueña, *Más allá del principio antrópico: Hacia una filosofía del Outside*, Buenos Aires: Prometeo Libros, 2012）。卢杜埃纳的整部著作都可以被视为对作为非生物空间的宇宙的思辨。

12. 花

1　要了解极其复杂的从植物到花朵的生物学，参见以下通俗化著作：彼得·伯恩哈特《玫瑰之吻：花的博物学》（Peter Bernardt, *The Rose's Kiss: A Natural History of Flowers*, Washington DC: Island Press, 1999）；

沙曼·罗素《玫瑰解剖学：探索花的秘密生活》（Sharman A. Russel, *Anatomy of a Rose: Exploring the Secret Life of Flowers*, New York: Perseus Book, 2001）；

威廉·伯格《花：它们是如何改变世界的》（William C. Burger, *Flowers: How They Changed the World*, New York: Promethesus Book, 2006）；

斯蒂芬·布赫曼《花的理性：它们的历史、文化、生物学以及它们如何改变我们的生活》（Stephen L. Buchmann, *Reason for Flowers: Their History, Culture, Biology, and How They Change Our Lives*, New York: Scribner, 2015）。

2 汉斯·安德烈:《植物与动物的本质差异》(Hans André, "La différence de nature entre les plantes et les animaux", *Cahier de Philosophie de la nature IV : vues sur la psychologie animale*, Paris: Vrin, 1930, pp. 15-30),第 26 页。

3 从这个角度出发,我们可以发现奥利弗·莫顿的杰作《吞噬太阳:植物如何为地球提供动力》(Oliver Morton, *Eating the Sun: How Plants Power the Planet*, New York: HarperCollins, 2008)的不足之处。

4 关于这个问题,参见埃德加·达克关于观念论形态学的著作《自然与灵魂:对魔法世界学说的一点贡献》(Edgar Dacqué, *Natur und Seele: Ein Beitrag zur magischen Weltlehre* Munich/Berlin: Oldenburg, 1926)。
更现代的视角可参见米凯莱·斯帕诺《资本真菌》(Michele Spanò, "Funghi del capitale", *Politica e società*, 5, 2016)。

5 希罗克勒斯:《斯多葛学派的希罗克勒斯:〈伦理学要素〉片段和节选》(Hiéroclès, *Hierocles the Stoic: Elements of Ethics, Fragments, and Excerpts*, Ilaria Ramelli [éd.], Atlanta: Society of Biblical Literature, 2009),第 5 页。

6 同上,第 18 页。关于斯多葛学派的"视为己有"概念,参见弗兰兹·迪尔迈尔《泰奥弗拉斯托斯的"视为己有"学说》(Franz Dirlmeier, *Die Oikeiosis-Lehre Theophrasts*,

Leipzig: Dieterich, 1937）；

罗伯托·拉迪切《"视为己有"作为斯多葛思想的基础及其起源研究》（Roberto Radice, *Oikeiosis Ricerche sul fondamento del pensiero stoico e sulla sua genesi*, Milan: Vita e Pensiero, 2000）；

李昌禹《视为己有：自然哲学视角下的斯多葛伦理学》（Chang-Uh Lee, *Oikeiosis. Stoische Ethik in naturphilosophischer Perspektive*, Fribourg/Munich: Alber Verlag, 2002）；

罗伯特·比斯《斯多亚的"视为己有"学说：I. 重建其内容》（Robert Bees, *Die Oikeiosislehre der Stoa: I. Rekonstruktion ihres Inhaltes*, Wurtzbourg: Königshausen und Neumann, 2004）。

7　关于自我不相容性，参见西蒙·J. 希斯科克与斯蒂芬妮·M. 麦金尼斯《开花植物自我不相容性系统的多样性》(Simon J. Hiscock et Stephanie M. McInnis, "The Diversity of Self-Incompatibility Systems in Flowering Plants", *Plant Biology*, 5, 2003, pp. 23-32）；

D. 查尔斯沃思、X. 维克曼斯、V. 卡斯特里克与S. 格莱敏《植物自我不相容性系统：分子进化视角》(D. Charlesworth, X. Vekemans, V. Castric et S. Glémin, "Plant Self-Incompatibility

Systems: A Molecular Evolutionary Perspective", *New Phytologist*, 168, 2005, pp. 61-69）。

13. 性即理性

1 关于基因概念的历史，参见安德烈·皮乔特《基因概念史》（André Pichot, *Histoire de la notion de gène*, Paris: Flammarion, 1999）。

2 扬·马雷克·马尔奇：《能动的观念的观念，或关于使种子受精并从中生成有机体的隐秘效力的假说与发现》（Jan Marek Marci de Kronland, *Idearum operatricium idea sive hypotyposis et detectio illius occultae virtutis, quae semina faecundat et ex iisdem corpora organica producit*, Prague, 1635）。

3 彼泽·瑟伦森：《哲学医学的观念：包含帕拉塞尔苏斯、希波克拉底与盖伦的全部学说》（Peder Sørensen, *Idea medicinae philosophicae continens totius doctrinae paracelsinae Hippocraticae et galienicae*, Bâle, 1571）。

4 关于这些问题，参见瓦尔特·佩吉尔《帕拉塞尔苏斯：文艺复兴时期的哲学医学导论》（Walter Pagel, *Paracelsus: An introduction to Philosophical Medicine in the Era of Re-*

naissance, New York: Karger, 1958）；

同上作者《威廉·哈维的生物学思想：节选内容和历史背景 》（*William Harvey's Biological Ideas: Selected Aspects and Historical Background*, New York: Karger, 1967）；

圭多·吉廖尼《弗朗西斯·格利森的〈能量实体本质论〉》，（Guido Giglioni, "Il 'Tractatus de natura substantiae energetica' di F. Glisson", *Annali della Facolta di Lettere e Filosofia dell'Universita di Macerata*, 24, 1991, pp. 137-179）；

同上作者《扬·巴蒂斯塔·凡·赫尔蒙特生物观念论中的想象理论》（"La teoria dell'immaginazione nell'Idealismo biologico di Johannes Baptista Van Helmont", *La Cultura*, 29, 1991, pp. 110-145）；

同上作者《子宫受孕 / 大脑受孕：论威廉·哈维生殖理论中受孕类比的注记》（"Conceptus uteri / Conceptus cerebri. Note sull'analogia del concepimento nella teoria della generazione di William Harvey", *Rivista di storia della filosofia*, 1993, pp. 7-22）；

同上作者《泛心论与生机论之辨：十七世纪普遍生命论教义的若干阐释》（*Panpsychism versus Hylozoism : An Interpretation of some Seventeenth-Century Doctrines of Universal Animation,* Acta comeniana, 11, 1995）；

同上作者《想象与疾病：关于扬·巴蒂斯塔·凡·赫尔蒙特的论文》（*Immaginazione e malattià: Saggio su Jan Baptista van Helmont*, Milan: FrancoAngeli, 2000）。

5　查尔斯·德雷兰科尔在《受孕论辩》（Charles Drelincourt, *De conceptione adversaria*, 1685）第3—4页中说："自然的受孕发生在子宫里，就像动物的观念生发在大脑里一样。"这种类比法的基础可以双向成立。

6　这就是彼泽·瑟伦森的想法，他在谈到自己的"精子"概念时写道："它们在生活中也没有遭遇多少辛劳：没有焦虑、疲惫、争论或怀疑，它们下定决心，对自己的生活有一种与生俱来的认识，并最终成为自己的本质/存在。那些对这种知识没有同样感觉或认识的人，尽管看起来知道，却被认为不知道自己在做什么：因为事实上，他们在行动中使用了神启知识的证据。"摘自《哲学医学的观念》，引用信息同前注，第91页。

7　"因为我们的知识与它们的知识相比是模棱两可的。我们的知识形式是通过在感官印象、记忆、因果推论上有条理地添加原则（ordinate）而获得的，而且需要付出巨大的努力；而在它们那里，知识是与生俱来的，而且不是像主体与生俱来的偶然性那样，而是它们的本质、生命和力量，因此它可以更合理地发挥作用。如果拿这两者作比，我们的知识是死的。"同上，第 91 页。

8　"但是，从前面所说的，我们可以清楚地看到，有一种感
知比感官的感知更优先、更普遍、更简单，因此，有一种
对自然的感知［即自然感知］。你们会说：即使这种感知
不是来自感官的灵魂，它也可能自然地来自植物的灵魂。
例如，亚里士多德似乎认为，动物一开始过着植物的生活，
后来才过着动物的生活。我的回答是，麦粒的形态代表着
由它产生的植物的形态，就像鸡蛋的形态代表着由它产生
的小鸡的形态一样。但是，在这两种形态中，雏形与完整
形态只是在完整程度上有所不同。……因此，如果有人决
定把鸡蛋的形态称为初生的感知灵魂（即使这远远超出了
常规的说法），那我也没意见：但这一切都归结为同一
件事。因为它的感知不是感觉的问题，而只是自然力量的
问题。在麦粒的例子中，这个问题是显而易见的，同样，
麦粒也有一种对其本质的感知，一旦播种，麦粒就会自动
长成一株植物；但这种感知与感觉相去甚远。而且，这种
感知明显有别于感觉。"摘自弗朗西斯·格利森《能量实
体本质论》（Francis Glisson, *Tractatus de natura substanti-
ae energetica*, Londres, 1672, s. p. Ad Lectorem），"致读者"
部分。

9　同上，"在我看来，自然感知不可能中止它的行动，也不

可能偏离它所看到的对象，而总是直接行使自然的愿望和运动能力"。

10　洛伦兹·奥肯：《自然哲学教程》，第三版（Lorenz Oken, *Lehrbuch der Naturphilosophie*, 3ᵉ éd., Zurich: Friedrich Schultheiß, 1843），第218页。

关于奥肯以及浪漫主义生物学，参见西比尔·米舍尔的佳作《错综复杂的灵魂之路：谢林、斯特芬斯和奥肯笔下的自然、有机体和发展》（Sibille Mischer, *Der verschlungene Zug der Seele: Natur, Organismus und Entwicklung bei Schelling, Steffens und Oken*, Wurtzbourg: Königshausen & Neumann, 1997）。

14. 论思辨性自养

1　有关学科划分的文献浩如烟海。参见让－路易·法比安尼《学科概念的作用》（Jean-Louis Fabiani, "À quoi sert la notion de discipline", J. Boutier, J.-C. Passeron et J. Revel, *Qu'est-ce qu'une discipline ?*, Paris: EIIESS/Enquête, 2006, pp. 11-34）；

丹·斯珀伯《为什么要重新思考跨学科性？》（Dan Sperber, "Why Rethink Interdisciplinarity ?", www.interdisciplines.org/medias/confs/archives/ archive_3.pdf, 2003-2005）；

托马斯·库恩《必要的张力》（Thomas S. Kuhn, "The Essential Tension", *The Essential Tension*, Chicago/Londres: The University of Chicago Press, 1977, pp. 320-339）；

约翰·豪根《科学的终结》（John Horgan, *The End of Science. Facing the Limits of Knowledge in the Twilight of the Scientific Age*, Reading: Addison-Wesley, 1996）。

2 参见伊塞特劳·哈多特《古代思想中的通识教育和哲学：对古代教育史和文化史的贡献》（Ilsetraut Hadot, *Arts libéraux et philosophie dans la pensée antique. Contribution à l'histoire de l'éducation et de la culture dans l'Antiquité*, Paris: Vrin, 2006）。

3 从这个意义上说，科学人类学认为它可以通过现代性及其构成来解释社会与认识论之间的奇怪交织，更谦虚地说，这种奇怪交织是一种机构——应该说是几个世纪以来管理知识的卓越机构——所造成的影响。参见布鲁诺·拉图尔和史蒂夫·伍尔加《实验室生活》（Bruno Latour et Steve Woolgar, *Laboratory Life: The Social Construction of Scientific Facts*, Beverly Hills: Sage Publications, 1979）；

布鲁诺·拉图尔《支持性文本：科学技术人类学系列》（"Textes à l'appui. Série Anthropologie des sciences et des techniques", *La Science en action*, Michel Biezunski[trad.], Paris: La Découverte, 1989）。

15. 像大气一样

1   这就是思辨实在论的矛盾之处，它一直试图重申实在的最广泛存在，同时却清除了哲学对世界的所有真实认识，再次回到传统书籍、主题和论点的封闭宅院内寻求庇护，而所有这些都被专制的、文化上非常有限的正统规范视为"真正的哲学"。

译后记
混合与共生：科恰的植物哲学

　　植物在人类认知历程中始终面临着矛盾处境。一方面，它是维系生命连续性的物质基底，是生态系统不可或缺的基础，而另一方面，它却长期被剥夺主体资格，沦为沉默的客体。传统分类学以标本思维将生命简化为一系列静态解剖学特征，进化论则将植物的生存策略还原为环境选择的被动产物，这些都强化了植物在哲学中的定位：作为无灵魂或低级灵魂的存在。当代的科学革命正有力地冲击着这种格局，植物神经生物学发现的钙信号网络决策机制[①]、光周期感知系统[②]以及菌根网络构建的地下信息交换系统[③]，都表明生物学范式正在发生

[①]　Wang Tian, Chao Wang, Qifei Gao, et al., "Calcium Spikes, Waves and Oscillations in Plant Development and Biotic Interactions", *Nature Plants*, 6(2020), pp. 750-759.

[②]　Wang Qingqing, et al., "Plants Distinguish Different Photoperiods to Independently Control Seasonal Flowering and Growth", *Science*, 383(2024), adg9196.

[③]　Ma Xiaofan, and Erik Limpens, "Networking via Mycorrhizae", *Frontiers of Agricultural Science and Engineering*, 1(2025), pp. 37-46.

某种转型。科学发现引起的震荡也迅速波及哲学领域。亚里士多德的"植物灵魂"（threptikon）被重新诠释为环境的主动塑造者，斯多葛学派的"种子理性"（logos spermatikos）在植物形态发生理论中得到了支持，传统哲学设定的智能等级制度受到无声的挑战。植物展现出的另类存在模式，持续动摇着诸如"主体性""智能""能动性"等概念，生命与非生命、人类与非人类、主体与客体之间曾被认为坚不可摧的边界，在植物根系穿透岩层、枝叶伸向天空的过程中缓慢崩解。在去人类中心主义的视角下，西方形而上学暴露出一种深层的"植物恐惧症"（phytophobia），即对缺乏中枢神经系统但能重塑环境的生命形式的系统性排斥。[1] 埃马努埃莱·科恰的哲学研究便是由此切入，他试图将植物从认知边缘地带推向舞台中心，揭示其作为大气建筑师和地质工程师的本质。由于植物的光合作用，生命的呼吸本身成为一种跨物种的共生实践，介于环境与介质之间的大气，也因此被赋予了超越生态学意义的哲学深度。

––––––––––––––

[1] Francis Hallé, *Éloge de la plante: Pour une nouvelle biologie*, Paris: Éditions du Seuil, 1999.

1. 植物研究的范式转换

在探讨植物引起的认知转变前，我们有必要先回顾它在传统观念中的定位。长期以来，植物被视为缺乏主体性的生命形式，只是生态系统的被动组成部分。18 世纪林奈的分类体系奠定了现代生物分类的基础，却将植物简化为生殖器官的形态特征组合。[①] 这种静态形象源于中世纪"自然之书"的隐喻：自然被预设为上帝书写的固定文本，植物则是其中的字符，必须服从语法规则般的分类逻辑。[②] 标本柜中的符号取代了植物生命真实的时间性（如生长、衰亡、变异）和空间性（如生态互动、地理分布），抹去了植物的能动性，将其降格为形式结构的样本。19 世纪进化论表面上为植物研究注入了时间维度，但根本上仍未脱离被动的叙事框架。达尔文将植物形态和功能解释为环境压力下自然选择的产物，这种观点仅将静态的形式主义转变为动态的功能主义，却未能真正打破植物作为被动客体的认识局限。

然而，20 世纪的植物研究松动了这些束缚。阿格尼

[①] 徐保军：《帝国博物学背景下林奈与布丰的体系之争》，《自然辩证法通讯》，2019 年第 11 期，第 1—8 页。

[②] 方贤绪、冷少丰：《"自然之书"隐喻的演进与自然数学化进程的展开》，《山东科技大学学报（社会科学版）》，2023 年第 6 期，第 9—19 页。

丝·阿尔伯的《植物形态的自然哲学》具有里程碑式的意义，她批评林奈式分类对植物形态的碎片化，提出"形态发生场"概念，强调植物生长是一个拓扑连续体在时空中的自我展开过程，植物形态不再是固定特征的集合，而是能量流动与物质重组的发生轨迹。[①] 这种观念转变使植物学摆脱了标本采集的博物学传统，更关注生命形式自身的生成逻辑。进一步地，戴维·比尔林指出，植物不仅被动适应环境，更是地球系统的主动建构者。从寒武纪的氧气革命到现代碳循环，植物通过光合作用与矿化作用不断重塑大气与地质结构。[②] 生态位构建理论更是直接挑战自然选择观念，认为生物通过代谢、行为和选择主动改变环境，构建适合自身的生态位，为自己创造进化条件。[③] 植物由此从进化游戏的参与者变为规则制定

---

① Agnes Arber, *The Natural Philosophy of Plant Form,* Cambridge: Cambridge University Press, 1950.

② David Beerling, *The Emerald Planet: How Plants Changed Earth's History*, Oxford: Oxford University Press, 2007.

③ 生态位构建理论主要参考以下著作：F. J. Odling-Smee, K. N. Laland, and M. W. Feldman, *Niche Construction: The Neglected Process in Evolution*, Princeton: Princeton University Press, 2003; Sonia E. Sultan, *Organism and Environment: Ecological Development, Niche Construction, and Adaptation*, Oxford: Oxford University Press, 2015。

者，进化也变为生物与环境的共同演化。此外，人们逐渐发现植物展现出不同于动物的另类智能。丹尼尔·查莫维茨系统阐释了植物所具有的复杂的感知机制，包括光周期感知、重力感应与化学信号识别。[①] 斯特凡诺·曼库索与亚历山德拉·维奥拉研究发现植物能通过化学分子、电气甚至可能的声学信号彼此交流，并提出了"植物神经生物学"概念，认为植物的信息处理依靠分布式网络，而非集中式大脑。[②] 这种网络位于根系中，数以亿计的根尖分别处理局部信息，并集体决策如何优化资源分配和生长方向。[③] 这种类似群体智能的形式，颠覆了以动物中枢神经系统为基础的传统智能模式，不再以动物或人类认知为参照，而建立在植物自身的生命逻辑之上。

科学革命延伸至哲学领域，动摇了传统的形而上学根基。在哲学史中，植物既是理解自然的隐喻载体，又

[①] 丹尼尔·查莫维茨：《植物知道生命的答案（修订珍藏版）》，刘夙译，武汉：长江文艺出版社，2018。

[②] 斯特凡诺·曼库索、亚历山德拉·维奥拉（阿历珊德拉·维欧拉）：《植物比你想的更聪明：植物智能的探索之旅》，谢孟宗译，台北：商周出版，2016。

[③] Anthony Trewavas, *Plant Behaviour and Intelligence*, Oxford: Oxford University Press, 2014.

长期被视为沉默的"他者"。从古希腊到当代，植物的哲学地位经历了从被动客体到生成性主体的转变。亚里士多德最早提出"植物灵魂"的概念，将植物纳入哲学视野，但仅将其视为灵魂三阶论（营养、感觉、理性）中的最底层，植物仅负责营养、生长、繁殖等基本生命功能。[①] 这种观点在斯多葛学派中进一步发展，他们提出"种子理性"概念，认为植物不仅是物质载体，更是自然秩序和万物生成的内在动力，虽然仍未超越人类中心主义，却为后世重新理解植物能动性提供了思想基础。到了启蒙时期，歌德《植物变形记》中的"原型植物"（Urpflanze）打破了静态植物观念。他认为植物的形态变化体现了生命的内在创造力，叶片向花瓣的转化并非机械过程，而是植物持续自我表达的诗意活动。[②] 这种观点挑战了当时主流的机械论和分类学框架，不仅重新定义了形态学的哲学内涵，也启发了后来的现象学方法，使植物得以从观察对象转变为独立的生命存在，促使哲学重新审视人与自然的关系。

进入 21 世纪，植物哲学对传统认知范式进行全面解

---

① 亚里士多德：《论灵魂》，陈玮译，北京：北京大学出版社，2021。
② 歌德：《植物变形记》，范娟译，重庆：重庆大学出版社，2018。

构。马修·霍尔从哲学与植物学角度，倡导重新评估植物主体性和伦理地位，批判将植物视为无意识、无感觉生命的观点，强调应尊重植物生命的独立性和尊严。[①] 在植物哲学方面，更具代表性的迈克尔·马尔德，提出把"植物性"（vegetality）作为一种新的哲学范式。他认为植物不仅是哲学思考的对象，更是思考的主体，因为植物具备分散式、非中心化的智能，这种"无脑思考"虽不同于人类的理性或意识驱动的思维，却展现出独特的生命智慧。[②] 马尔德批判从亚里士多德到海德格尔的哲学家视植物为低等生命、忽视植物特殊的存在模式：不同于封闭的个体概念，植物因持续与外界交换物质与能量而边界模糊，又因其为固着生物，它们更需要打开边界、保持开放才能与邻近生物形成互惠合作关系。杰弗里·尼伦则以福柯的生命权力理论批判植物被当作动物研究中的"背景生命"，主张植物的能动性应纳入生命政治的讨论，他将矛头指向资本主义对植物的剥削，比如现代

---

① Matthew Hall, *Plants as Persons: A Philosophical Botany*, Albany: SUNY Press, 2011.

② Michael Marder, *Plant Thinking: A Philosophy of Vegetal Life*, New York: Columbia University Press, 2013.

农业通过单一作物种植、基因改造和农药使用，将植物简化为高产经济工具，剥夺其生态多样性。[①] 因此对当代植物哲学而言，在理论层面开启"植物转向"显得势在必行，在植物身上，生命并非争夺主权的战场，而是多元共生的网络。植物也不再只是人类认知的客体，而是指导人类如何"像植物一样存在"的老师。在气候变化形势日益严峻的当下，聆听植物智慧或许是超越文明危机的重要出路。

在上述思想转向中，人类学无疑为变革提供了关键的实证支持。田野调查获得的一手资料，不仅拓展了生物学研究视野，也为哲学思考注入新鲜活力。在尝试解释跨物种纠缠现象时，"自然－文化"二元论率先在人类学领域失效，并逐渐被人类与非人类存在者混杂共生的观念取代。爱德华多·科恩在厄瓜多尔雨林中发现了一种跨物种的符号交流网络：树枝的剧烈晃动与倒伏向猴子发出危险信号，美洲豹则把与自己对视的其他生物视为另一种"自我"，鲁纳人则通过观察蛇与蛙的行为

---

① Jeffrey Nealon, *Plant Theory: Biopower and Vegetable Life*, New York: Columbia University Press, 2015.

预测蚁群的起飞时间。[①] 这种跨越物种界限的生命交流有力撼动了人类对"思考"的独占权，证明文化和思维并非人类专属，也不必然依赖语言媒介。在自然世界中，不同物种早已通过多模态符号建立了自身的等级与生存法则。另一项影响深远的研究则是罗安清对松茸的全球追踪调查，从美国俄勒冈森林到东京的拍卖场，她揭示松茸如何在核辐射区、战乱地带与工业废墟中顽强地繁衍生息。[②] 这种真菌的存在本身就是对工业化生产体系的抵抗，因为松茸无法被人工栽培，只有依靠与其他物种的广泛交换（contamination）才能生存。罗安清的研究同样证明松茸的存在取消了自然与文化之间被人为设定的界限：采摘者的传统知识、跨国资本的定价策略、森林火灾的生态记忆等异质元素，共同构成了松茸独特的"行动者网络"，这个网络既是物质交换系统，更是跨物种协商的政治场域。

植物研究的范式转换昭示了非人类生命的能动性与

---

① Eduardo Kohn, *How Forests Think: Toward an Anthropology of the Human*, Berkeley: University of California Press, 2013.

② Anna Lowenhaupt Tsing, *The Mushroom at the End of the World: On the Possibility of Life in Capitalist Ruins*, Princeton: Princeton University Press, 2015.

复杂性，打破了传统认识论的局限。这种转变不仅影响了科学本身，也推动了哲学和人类学的理论革新。植物逐渐从边缘走向前台，挑战了人类中心主义对主体性与智能的垄断定义，为后人类时代的自然伦理提供了崭新的思想路径。生命各以独特的方式书写世界，人类的视角不过是这宏大叙事中的一小部分而已。

2. 栖居在大气之中

植物研究的范式转换体现了当代知识界在生命科学和生态认识论层面的突破：从静态分类到动态生成论的转变，从被动适应到主动建构的革命，以及从神经中心主义到分布式智能的哲学转向。这一系列理论坐标，为理解埃马努埃莱·科恰的《植物生命》提供了必要的论域。科恰的植物哲学建立在这样的新现实上：生物并非被动地适应环境压力，而是通过新陈代谢和活动主动地改变自身与其他生物的生态位，于是人类中心主义所预设的主体与环境之间的静态关系逐渐丧失了解释力。植物的存在本身体现了一种动态关系，即主体与环境不断相互反转：植物既依赖环境生存，又同时塑造着环境。光合作用是植物完成自养革命的核心行动，科恰将其概括为"无须通过暴力就可以创造新世界"。（第9页）与异养生物靠吞食和杀戮他者以维持生存不同，植物在不伤害其他生物的情况下亦能实现生命延续。这种革命起始于约 24 亿年前的大氧化事件，植物通过光合作用推动地球从无氧的混沌状态迈入氧化的秩序。科恰将这一过程形象地称为"世界的流体化"，植物将固态地表和气态大气通过自身代谢活动联结为连续而统一的生命网络。因此，光合作用不仅是能量转换，更是一种"构造世界"的行动，使无机环境转化为生命能够栖息的场所。

在科恰的描述中，生命无论栖息于海洋、大气或陆地，实际上都从未离开流体环境。远古生命起源于海洋这一流体环境，后来迁移至陆地，继续栖居于另一种流体——大气之中。大气与水体一样，始终包围和渗透着生命。因此，只要生命持续呼吸，就必然处于沉浸之中。科恰由此提出，海德格尔的"在世存在"就是这种沉浸状态：主体与环境、身体与空间、生命与介质之间的相互渗透。在流体环境中，沉浸不是简单的物理并置或毗连，主体与环境并非彼此独立、边界清晰，而是既穿透对方，又同时被对方所穿透的共在关系。（第 39 页）沉浸是生命存在的根本条件，也是生命得以发生和延续的介质和场所。就像水总是既在鱼的周身围绕，又在鱼的体内参与循环；空气也是既包裹着我们，又被我们吸入呼出，同时在这个过程中实现了物质成分转换。这种相互渗透定义了沉浸的拓扑学结构：主体穿透环境的行动必然同步于被环境穿透的行动。植物的光合作用就是这种双向性的终极体现：植物将阳光、空气和土壤转化为生命物质，同时也将自身的存在编织进大气层的化学过程中。因此，流体环境印证了"万物寓于万物之中"的哲学观点，水分子与鱼鳃的渗透、氧气与肺泡的交换、二氧化碳与叶绿体的结合，皆表明生命与世界的交互是一种彻底的相互内在性。

在流体中，万物彼此接触、混合，却不会失去自身的形式和本质。事物既是容器，也是内容，容器与内容的角色总在不断翻转：场所成为躯体，躯体也成为场所；主体变成介质，介质也变成主体。就像植物根系穿透土壤时，土壤也经由矿物质吸收反向进入植物；人类呼吸时，肺部成为大气向内折叠的空间。这种持续处于"内容/容器"叠加态的事物，被科恰称为"混合体"，它类似于克莱因瓶（Klein bottle）的四维结构，体现内外无分、永恒翻转的拓扑学特征。混合体的概念呼应了布鲁诺·拉图尔的"杂合体"（hybrid）对自然与文化、人类与非人类的糅合，但区别在于，后者关注异质元素的重新组装和稳定联结，比如转基因作物是将生物特性、基因工程、专利制度等要素紧密结合在一起的实体。[1] 此外，混合体又比蒂莫西·莫顿的"超客体"（hyperobject）更彻底地摆脱了笛卡尔式主客二元论。超客体虽指超越个体感知的庞大物质（如全球变暖、互联网、黑洞等），但仍隐含观察者与对象的主客分离；而且在超客体中，原始物体被彻底卷入整体之中，其本质和性状已经受到不可抵挡、不可逆转的破坏。[2] 在斯多葛学派所设想的物体相互作用的三种形式（并置、融合、整体混合）[3] 中，"杂合体"和"超客体"更接近于融合，而"混合体"则是整体混合的表现形式：通过灵气／气息（pneuma）的共享，诸多实体在保持自身同一性的同时，又在其他实体内部延展自身，进而在相互渗透的状态下共同构成不可分割的拓扑连续体。

① 布鲁诺·拉图尔：《我们从未现代过：对称性人类学论集》，刘鹏、安涅思译，上海：上海文艺出版社，2022。

② Timothy Morton, *Hyperobjects: Philosophy and Ecology after the End of the World*, Minneapolis: University of Minnesota Press, 2013.

③ Jocelyn Groisard, *Mixis: Le problème du mélange dans la philosophie grecque d'Aristote à Simplicius*, Paris: Les Belles Lettres, 2016.

在我们的日常生活中，聆听音乐的体验恰如其分地显现了混合体的沉浸状态。音乐以空气振动的形式穿透听者身体，将身体转化为声波传递的载体。音乐响起时，空气分子有节奏的振动形成了"声学流体"，它从四面八方涌入听者，又通过听者身体向四周扩散，听者的耳膜、骨骼乃至内脏皆成为声音流（flux）传递的媒介。基于听觉建立的世界没有内、外部之分，没有对象化的封闭物体，而是充斥着强度不同的、连续的事件流。这样的体验无异于鱼在水中游曳：我们与音乐的关系不是主体对客体的凝视，而是鱼随着海水起伏，二者在振动中共享相同的本质。所以对于何为"在世存在"的问题，科恰用一种拉图尔式语调予以回答：我们从未停止作为鱼而存在（Nous n'avons jamais arrêté d'être des poissons）。（第36页）

3. 植物生命所体现的行星思维

在《根的理论》一章中，科恰尝试重新反思西方哲学未曾摆脱的"地心说"式信念。从尼采的"命运之爱"[①]

---

① 尼采：《查拉图斯特拉如是说》，钱春绮译，北京：三联书店出版社，2007。

到拉图尔的"着陆"运动①，呼唤生命扎根大地、回归大地、栖居在大地上的声音经久不衰。对于所有思想而言，地球是"决定性的度量空间"（第 96 页），一切存在与生成的事物，均以地球的形态、结构和位置为参照。但是胡塞尔指出，地球对于我们所有人来说是"地面"，而非单纯的物体，由此引申出来的根基、根源、基础等普遍性观念，才能成为人类确认其统一性的原则。② 然而科恰从植物生命出发，提出了一种反直觉的观点：宇宙中处处是天空，且只有天空，而大地仅是天空的一个组成部分，是其局部聚集的状态。由于植物不断将太阳光和其他宇宙物质转化为流体介质，科恰认为，陆地上的人类空间与地外的非人类空间绝非本体论上分离的两个领域，而是天空的无限连续体。"天空"的概念在这里发生了变化，它是"宇宙唯一的实质"，代表着"关于混合和运动的空间与实在"，包括地球在内的所有事物，

———————————

① 从出版政治生态学专著《着陆何处？地球危机下的政治宣言》（*Où atterrir? Comment s'Orienter en Politique*，Paris: La Découverte, 2017）到发起在拉沙特尔（安德尔省）、圣朱利安（上维埃纳省）、里斯 – 奥朗吉斯（埃松省）和塞夫朗（塞纳 – 圣但尼省）等地的"何处着陆"工作坊，拉图尔致力于呼吁公众关注地球关键带（zone critique）及其生态脆弱性，为自身创造更多宜居条件。

② Edmund Husserl, *La Terre ne se meut pas*, Paris : Les éditions de Minuit, 1989.

"都只是这种无限的、普遍的天际物质的一部分聚集态"。（第101页）因此，大气圈、水圈、土壤圈、岩石圈与生物圈并非彼此独立的稳定系统，而是处于持续演化和流动中的宇宙局部。

盖娅假说（Gaia hypothesis）则强调地球是一个具有反馈机制的自我调节系统，通过物理、化学、生物等成分的相互作用维持稳定性，保持地球环境的宜居性。[1] 拉图尔在此基础上结合地球系统科学的"关键带"理论，认为盖娅实际上只是地球表面那层薄薄的皮肤：它从地下水底部或者土壤与岩石的交界面出发，向上延伸至植被冠层顶部，它是涵盖了五大圈层的异质性区域，能够对自然因素和生物活动的影响迅速做出反应。[2] 拉图尔称其为覆盖地表的"保护膜"，是生物唯一经历过的地方，也是我们有限世界的整体。[3] 所以，为了给诸多生物提供共同栖居的有利条件，关键带必须首先是一个封闭的内

---

[1] James Lovelock, *We Belong to Gaia*, London: Penguin Classics, 2021.

[2] 杨顺华、张甘霖：《什么是地球关键带》，《科学》，2021年第5期，第33—36页。

[3] 布鲁诺·拉图尔：《面对盖娅：新气候体制八讲》，李婉楠译，上海：上海人民出版社，2024。

部空间。拉图尔声称关键带内的居民不可能拥有观看地球的外部视角，类似"蓝色弹珠"那样的图像并非地球的真实形象，在现实中我们无法脱离这层薄膜生活，就像剧中人无法跳出舞台来审视整场戏。相反，我们始终身在盖娅之内，与其他生物共享这个脆弱而有限的圈层。所以在关键带中，宜居性不再被视作理所当然的外部条件，而是一种需要持续维系的内部关系。但在科恰的理论中，盖娅假说所设想的封闭系统并不成立，植物的存在和行动模糊了地球各圈层间的边界。在植物的"生活世界"里，地球恰恰是与宇宙流体直接联通的开放系统。拉图尔所坚持的"外部视角的不可能性"，本质上依然是从动物视角出发的生命经验。从植物视角看，世界上只有天空和大地，而大地也不过是天空的一部分，不仅没有内外之分，甚至不存在内部：一切皆是外部。于是地球的宜居性问题变得更为严峻，因为地球环境并不会在盖娅的自我调节下趋于稳定，反而可能趋向于不可居住："我们与世界相混合，但我们永远无法在其中安然立足。所有居所都倾向于变得不宜居住，然后成为天空，而非房屋。"（第 103 页）

　　按照科恰的说法，如果地球只是宇宙中的一个普通天体，那么地球作为生命栖息地的事实就成了偶然事件，这促使我们重新审视"家园"（欧依蒄斯）的观念。西方传统二元论将"自然"视为外部客体，与属人类的文化领域相对立。拉图尔在《自然的政治》中反对这种二元对立，提倡将人类与非人类重新纳入"共同世界"，他借用希腊语"欧依蒄斯"来描述这个共同体，认为政治生态学应帮助我们"回到家园，栖居于共同的居所之中，不再自诩与他者有本质的区别"[1]。然而，科恰对"家园"的理解更为激进。他认为生态学过于局限于栖息地（habitat）概念，总是假设存在固定的土壤供万物立足，进而把世界想象为可以安居的"房屋"。但这恰恰是误解，实际上大多数星球并不适宜居住，地球的条件是盖娅独特的演化结果，而非宇宙的常态。科恰表示："意识到地球是一个星体空间，且只是天空的一部分聚集态，这就等于认识到有不可居住之地。"（第102页）宇宙的本质不是家园（欧依蒄斯），而是苍穹（乌拉诺斯），每个栖居点都只是天空连续体中暂时的凝聚之处，其宜居性需要不断维护而从不永久定型。

科恰的思想为拉图尔的"共同家园"增添了新的维度：

---

[1]　Bruno Latour, *Politics of Nature: How to Bring the Sciences into Democracy*, Cambridge: Harvard University Press, 2004.

一方面，我们应将地球视为人类与万物共同的栖息之地；另一方面，也应意识到我们的家园始终敞开于广袤的天空，处于星际间的物质流动之中，并无绝对稳固的边界可言。因此科恰呼吁哲学应当恢复一种宇宙论，从探索植物的存在模式入手，反思生命与宇宙演化之间的关系。这种思考代表了哲学曾经失落的真正传统，即对宇宙的深刻沉思，而非局限于人类文化的历史叙事。自笛卡尔以来，现代哲学通常将宇宙视为秩序井然、与人类无关的背景，一方面是纯粹客观的宇宙秩序，另一方面是意义充盈的人类主观世界。无论是盖娅理论，还是植物哲学，最终目的都是要打破这种固化的框架，让哲学重新连接行星尺度的物质交换网络，唤醒其宇宙论的视野。

4. 作为策展人的哲学家：科恰的展览实践

科恰的植物哲学致力于打破自然与文化、主体与环境之间的本体论界限，而他在策展领域的实践，则将这种哲学观点转化为具体的公共事件。在当代生态危机导致知识和感知重组的背景下，哲学不再满足于抽象的理论反思，而逐渐在跨学科的艺术语境中，寻找新的表达媒介，以激发人们对生命形式的全新认知。正是在这样的趋势中，科恰涉足策展领域，将其问题意识带入艺术现场，利用展览实现了哲学理论的空间性转译。

　　2019 年 7 月，巴黎卡地亚当代艺术基金会举办群展"我们这些树"（Nous les Arbres），科恰任学术顾问。展览以树木为主题，汇集来自艺术、植物学和哲学领域的创作者，回应最新科学发现，歌颂树木之美与生物多样性，同时直面大规模森林砍伐造成的生态危机。[①] 例如，意大利艺术家朱塞佩·佩诺内（Giuseppe Penone）的青铜树雕塑被安置在花园中，法国导演阿涅斯·瓦尔达（Agnès Varda）为展览专门创作与树相关的雕塑，艺术家托尼·奥斯勒（Tony Oursler）则以一株真树为投影幕展示影像。[②] 展览营造出一种仿佛"树木的议会"的空间：科学与艺术的观点交相辉映，自然与文化的边界被打破，观众置身于一个由树木主导的世界。策展团队引用科恰之语"没有纯粹的人类……树木是所有经验的起源"，以此凸显展览的核心理念在于纠正人类中心主义对树木

---

① Exhibition Trees, https://www.e-flux.com/announcements/269423/trees/. 2019.7.11

② *Nous les Arbres: Catalogue de l'exposition*, Paris : Fondation Cartier pour l'art contemporain, 2019.

地位及主体资格的剥夺。[①]2021 年，展览的中文版"树，树"登陆上海当代艺术博物馆，进一步扩大规模并融合本土语境，探讨人类与非人类物种共存的课题。科恰的植物哲学得以延伸，从纯粹的思辨走向感官化、情感化、空间化的公共实践，使观众在沉浸体验中思索人与树木的关系。这种展览模式超越了传统意义上的艺术展，更像是一场面向公众的思想实验。

2024 年，科恰以联合策展人的身份参与策划日本金泽 21 世纪美术馆的展览"与万物起舞：共情的生态学"（Dancing with All: The Ecology of Empathy），将"舞蹈"作为跨物种共鸣与共情的隐喻。[②]展览不再强调人类世的原罪或物种差异，转而关注如何建立人类与其他生命间共享与共振的体验。金泽美术馆的圆形建筑如同呼吸的生命有机体：各展厅作品彼此连结，宛如器官组织，观众随着展陈节奏自然移动，整个空间成为生产知识和

[①]　Nous les Arbres, http://www.fondationcartier.com/expositions/nous-les-arbres. 2019.7.12

[②]　DANCING WITH ALL: The Ecology of Empathy. https://www.e-flux.com/announcements/647493/dancing-with-all-the-ecology-of-empathy/. 2025.1.10

移情体验的公共场所。展览汇集多位国际当代艺术家的跨学科作品，涵盖装置、影像和实验项目等，内容分为自然的翻译、自然与人的协作、物质的转移、物质的魔术四个部分。举例而言，植物神经生物学家斯特凡诺·曼库索的研究团队 PNAT 展示了装置《说话的神》（Talking God），通过感应千年神木的生物信号并将其转译为光波，赋予植物"发声"与"舞动"的媒介；艺术家猪股亚希放大了河狸啃噬的木头，将动物的创造与人类审美相结合，创作出致敬康斯坦丁·布朗库西（Constantin Brâncuși）的雕塑作品。科恰作为联合策展人，则为展览注入了清晰的思想脉络：他提出以"蜕变"（métamorphoses）概念作为贯穿全展的线索，展现生命的不同形态彼此连通，共居于同一世界，并且可以在不彻底混合的情况下共舞。换言之，不同生命既保持差异，又通过共享的环境和节奏建立起紧密联系，科恰"混合体的形而上学"在此得到了一定程度的表达。得益于富有生命力的主题和动线设计，森林的讯息、物质的循环、人类的情感交织在一起，在展览的有限空间内，哲学家的理论走出书斋，成为支撑这个临时世界有效运转的规则。

科恰参与策划的以上展览，既非简单的科普展示，亦非纯粹的艺术品陈列，更可被视为哲学理论的具象化和实验场。我们不妨借用拉图尔的"思想展览"（thought exhibition）概念来理解这种类型的策展实践：此种展览是思想实验的发生场域，多元异质主体汇聚其中，让观念、事物和公众展开对话。[①]"事物的议会"是这种思想展览的模型，拉图尔批判现代性人为地剥夺了非人类存在者的发言权，将其视作沉默的他者，因而思想展览就是要赋予事物表达的权利，给予它们彰显能动性的机会，带领它们进入公共讨论的议会现场。[②]科恰的展览实践与此不谋而合，树木及其他生物，在艺术作品和科学装置的协助下拥有了自己的"声音"并参与到集体叙事中，而观众则是议会中的"与会者"，在与万物的交流中思索人类自身的位置。

哲学家作为策展人所带来的独特价值在于拓展了思想的表达媒介和表现形式，并且强化了哲学的实践维度。展览作为多重感官感知经验交互的场域，使不可见的思

---

① 傅小敏：《布鲁诺·拉图尔的"思想展览"实践》，《艺术当代》，2022 年第 6 期，第 44—49 页。.

② Scott Lash, "Objects that judge: Latour's parliament of things", *Another Modernity: a Different Rationality*, Oxford: Blackwell, 1999, pp. 312-318.

想获得了直观显现的渠道。同时，这类展览具有鲜明的公共性和行动性，它面向普罗大众，把哲学讨论融进社会广泛关注的生态议题中，鼓励公众在交互式体验和参与式实践的过程中反思自身与世界的关系。哲学家策展日益成为值得肯定的创新实践：它打破了人文思想与视觉艺术、科学研究之间的界限，赋予展览以深刻的思想内涵，让思想在行动中生成，彰显哲学介入现实的力量。当哲学褪去形而上学的华服，以榕树般的气根延展至艺术与科学的领域时，它汲取的不只是思想的养分，更是重构人类感知方式的活力。在学科边界趋于模糊的今天，思想展览仿佛一场缓慢的认知渗透，它并未用激进的理论敲碎人类中心主义的壁垒，而是如藤蔓般悄然攀援进现代性的裂隙，最终在集体意识深处绽放出崭新的生态景观。这也许正是哲学在人类世最恰切的生存姿态：与其扮演高举火炬的启蒙先驱，不如化作一颗耐心的种子，在艺术与科学的交界处，静静等待新世界的萌发。